入門

〔　　月　　日〕

1 かけ算のとらえ方 ①

じっくりとりくみましょう

秒

■ かけ算はたし算やひき算で考えるこ……
量をイメージしながらかけ算をトレー……ょう。
イメージができるようになってから九九をおぼえましょう。

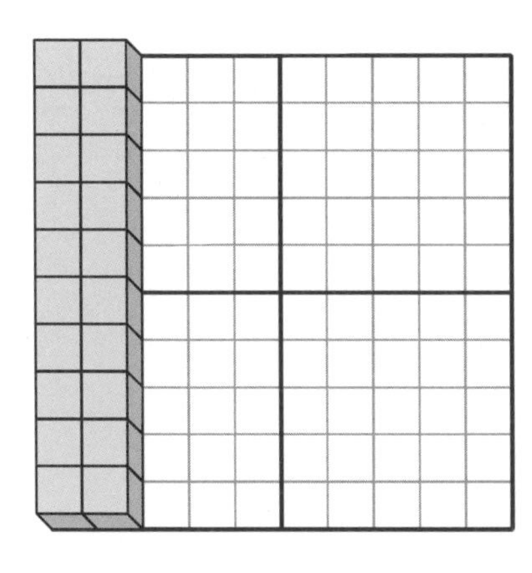

例 10が2つで20
このことをかけ算の式で表すと,
$10 \times 2 = 20$
と書きます。
(『10かける2は20』と読みます。)
このことを,
10の2倍は20
ともいいます。

上のように，量をイメージしてたし算やひき算を使って考えましょう。
かけ算は暗記する前に，しっかりと量をイメージしてトレーニングすることで，数量のセンス育成ができます。

かたまり（量）を
イメージしながら
かけ算を
トレーニングしよう

●保護者の方へ：数を量としてイメージするベーシックトレーニングです。

2 かけ算のとらえ方 ②

じっくりとりくみましょう　分　秒

■ しっかりと量をイメージしながら，次のかけ算を考えましょう。

(1)

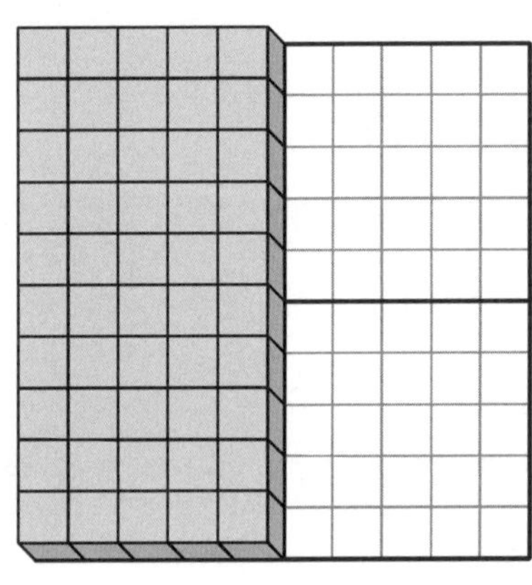

10 が 5 つで 50

このことをかけ算の式で表すと，

□ × □ ＝ □

と書きます。このことを，

□ の □ 倍は □

ともいいます。

(2)

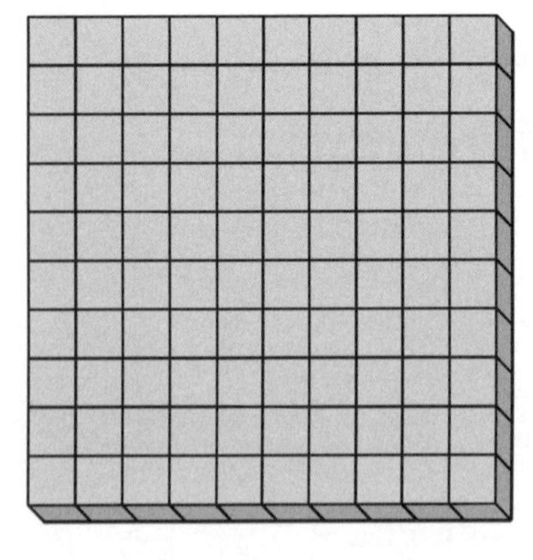

10 が 10 こで 100

このことをかけ算の式で表すと，

□ × □ ＝ 

と書きます。このことを，

□ の □ 倍は 

ともいいます。

●保護者の方へ：数を量としてイメージするベーシックトレーニングです。

3 かけ算のとらえ方 ③

じっくりとりくみましょう　分　秒

■ しっかりと量をイメージしながら，次のかけ算を考えましょう。

(1)

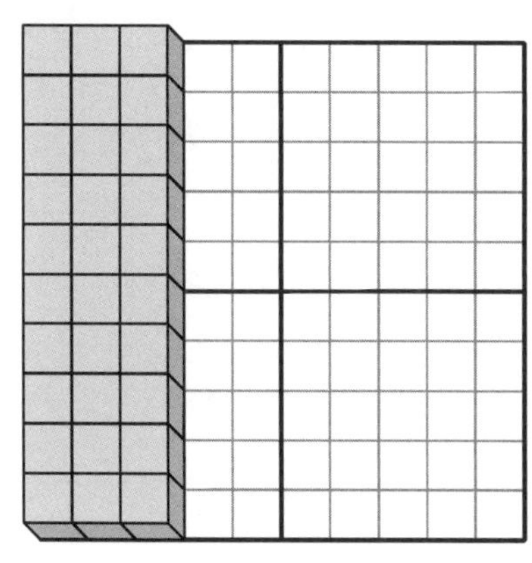

10 が 3 つで 30

このことをかけ算の式で表すと，

 □ × □ = □ 

と書きます。このことを，

□ の □ 倍は □

ともいいます。

(2)

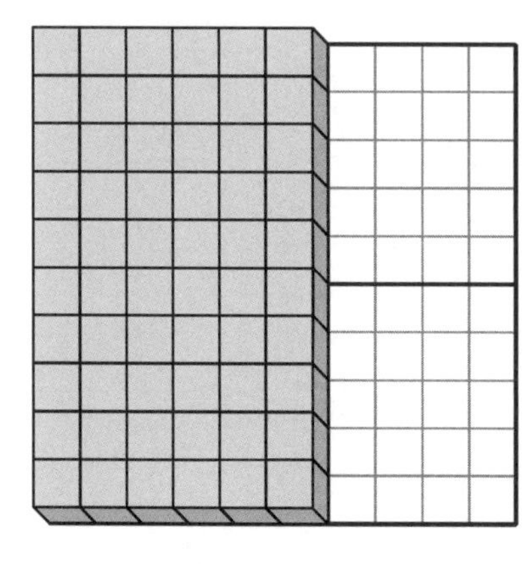

10 が 6 つで 60

このことをかけ算の式で表すと，

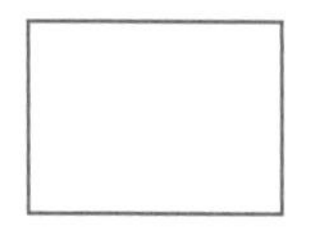 □ × □ = □

と書きます。このことを，

□ の □ 倍は □ 

ともいいます。

●保護者の方へ：数を量としてイメージするベーシックトレーニングです。

4 かけ算のとらえ方④

じっくりとりくみましょう　分　秒

■ しっかりと量をイメージしながら，次のかけ算を考えましょう。

(1)

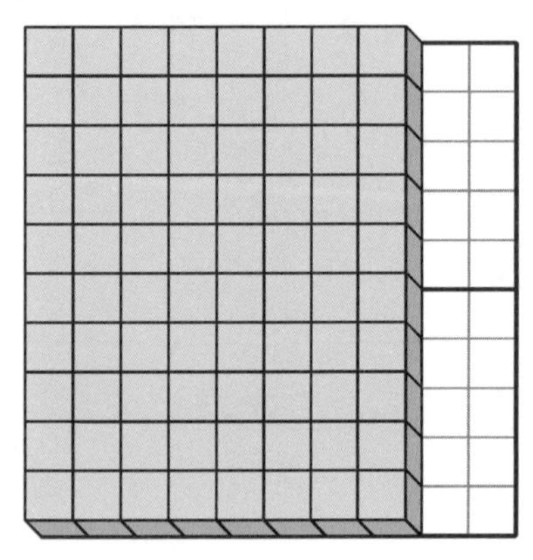

10 が 8 つで 80

このことをかけ算の式で表すと，

□ × □ ＝ □

と書きます。このことを，

□ の □ 倍は □

ともいいます。

(2)

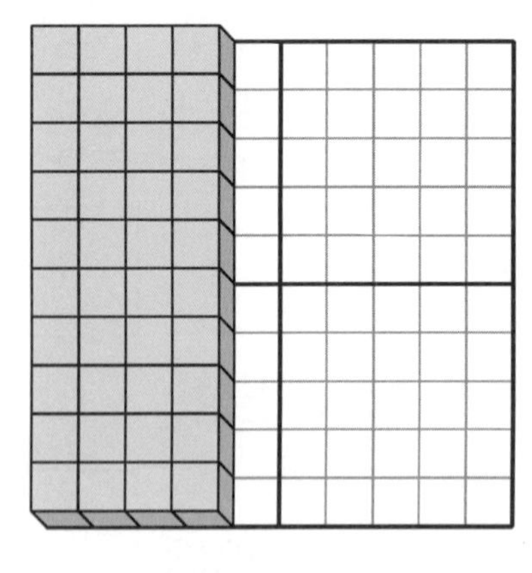

10 が 4 つで 40

このことをかけ算の式で表すと，

□ × □ ＝ □

と書きます。このことを，

□ の □ 倍は □

ともいいます。

●保護者の方へ：数を量としてイメージするベーシックトレーニングです。

5 かけ算のとらえ方 ⑤

じっくりとりくみましょう
分　秒

■ かけ算はたし算やひき算で考えることができます。
量をイメージしながらかけ算をトレーニングしましょう。
イメージができるようになってから九九をおぼえましょう。

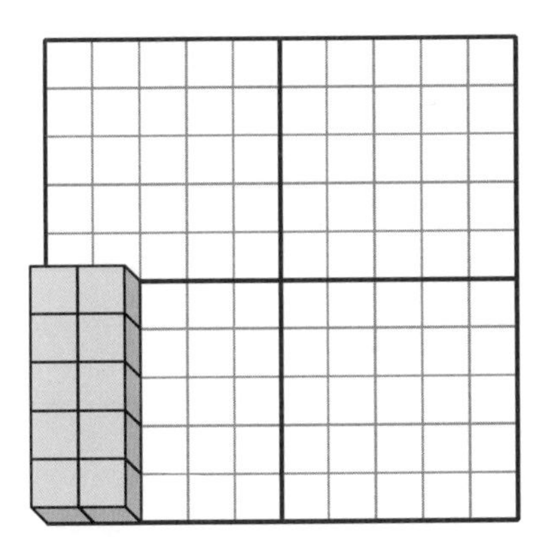

例 5が2つで 10
このことをかけ算の式で表すと，
5 × 2 = 10
と書きます。
(『5かける2は 10』と読みます。)
このことを，
5の2倍は 10
ともいいます。

上のように，量をイメージしてたし算やひき算を使って考えましょう。
かけ算は暗記する前に，しっかりと量をイメージしてトレーニングすることで，数量のセンス育成ができます。

かたまり（量）を
イメージしながら
かけ算を
トレーニングしよう

●保護者の方へ：数を量としてイメージするベーシックトレーニングです。

〔　　月　　日〕

6 かけ算(ざん)のとらえ方(かた) ⑥

じっくりとりくみましょう

分　　秒

■ しっかりと量(りょう)をイメージしながら，次(つぎ)のかけ算(ざん)を考(かんが)えましょう。

（1）

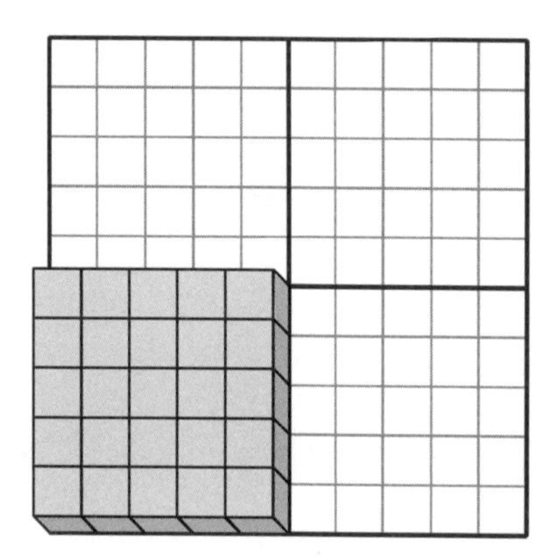

5 が 5 つで 25

このことをかけ算(ざん)の式(しき)で表(あらわ)すと，

□ × □ ＝ □

と書(か)きます。このことを，

□ の □ 倍(ばい)は □

ともいいます。

（2）

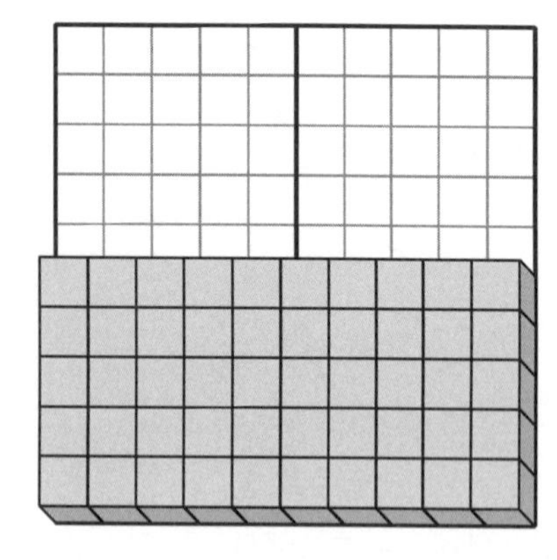

5 が 10 こで 50

このことをかけ算(ざん)の式(しき)で表(あらわ)すと，

□ × □ ＝ □

と書(か)きます。このことを，

□ の □ 倍(ばい)は □

ともいいます。

●保護者の方へ：数を量としてイメージするベーシックトレーニングです。

入門

〔　月　日〕

7 かけ算のとらえ方 ⑦

じっくりとりくみましょう

分　秒

■ しっかりと量をイメージしながら，次のかけ算を考えましょう。

(1)

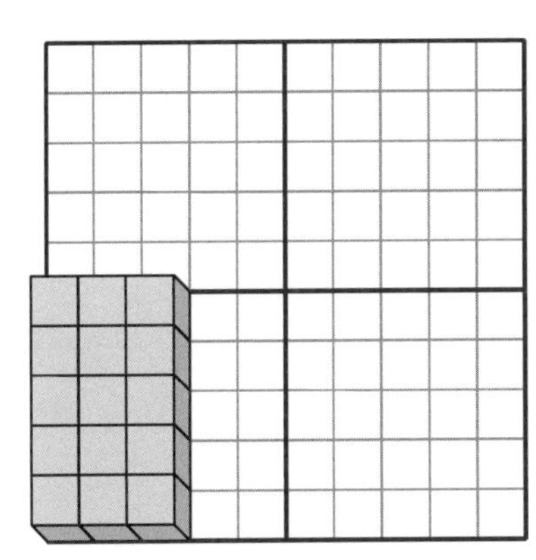

5 が 3 つで 15

このことをかけ算の式で表すと，

□ × □ ＝ □

と書きます。このことを，

□ の □ 倍は □

ともいいます。

(2)

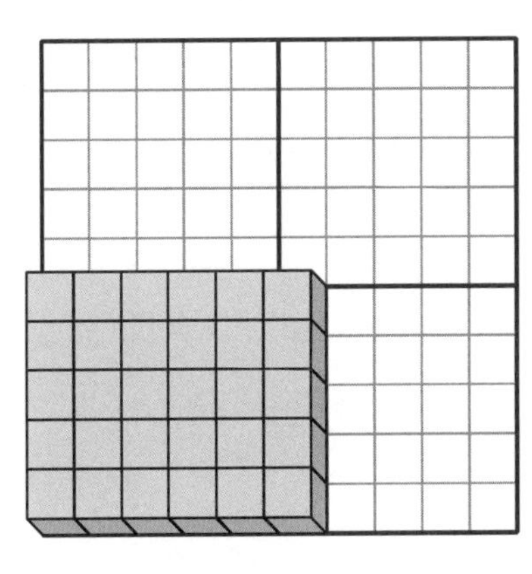

5 が 6 つで 30

このことをかけ算の式で表すと，

□ × □ ＝ □

と書きます。このことを，

□ の □ 倍は □

ともいいます。

●保護者の方へ：数を量としてイメージするベーシックトレーニングです。

入門

〔　　月　　日〕

8 かけ算のとらえ方 ⑧

じっくりとりくみましょう　　分　　秒

■ しっかりと量をイメージしながら，次のかけ算を考えましょう。

（1）

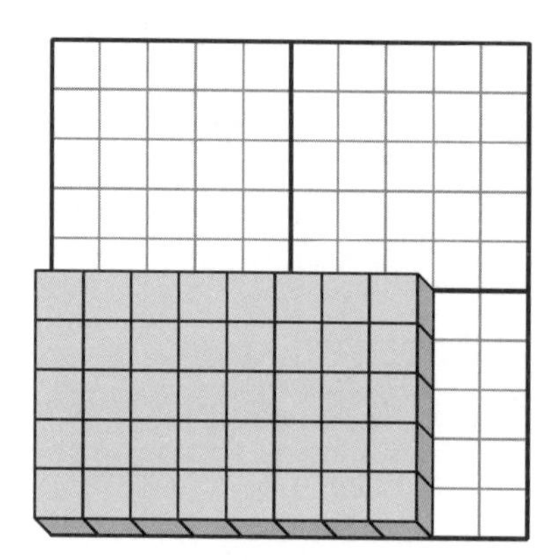

5 が 8 つで 40

このことをかけ算の式で表すと，

□ × □ ＝ □

と書きます。このことを，

□ の □ 倍は □

ともいいます。

（2）

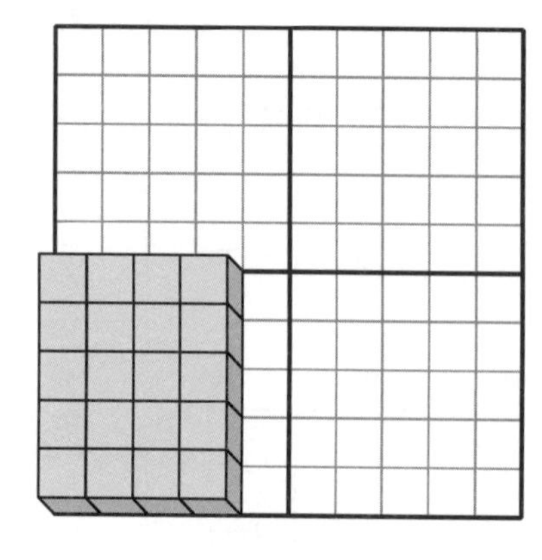

5 が 4 つで 20

このことをかけ算の式で表すと，

□ × □ ＝ □

と書きます。このことを，

□ の □ 倍は □

ともいいます。

●保護者の方へ：数を量としてイメージするベーシックトレーニングです。

9 分数感覚 I

目標時間は5分
　　分　　秒

QA あてはまる部分に斜線をひきましょう。

（1）3つに等しく分けたうちの1つ分

（2）3つに等しく分けたうちの2つ分

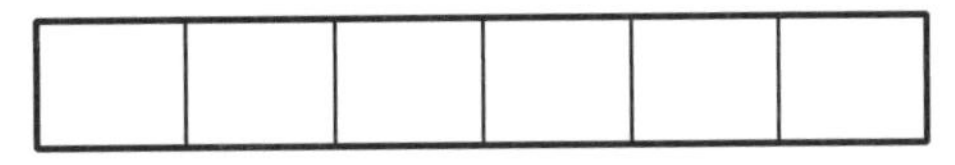

（3）3つに等しく分けたうちの3つ分

（4）3つに等しく分けたものの1個分を4つあつめたもの。（図2）にかきこむ。

（図1）

（図2）

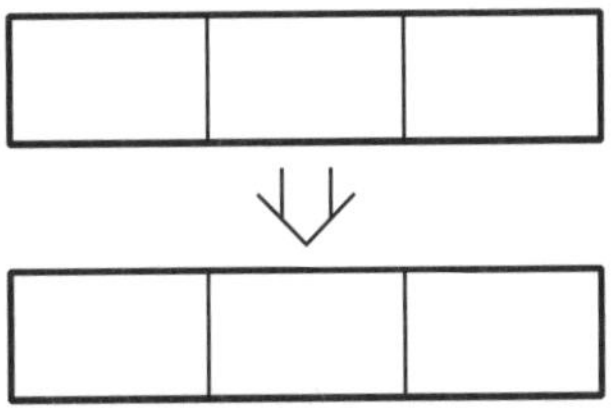

QB 次の図の説明として正しいものを1つだけえらんで，番号で答えましょう。

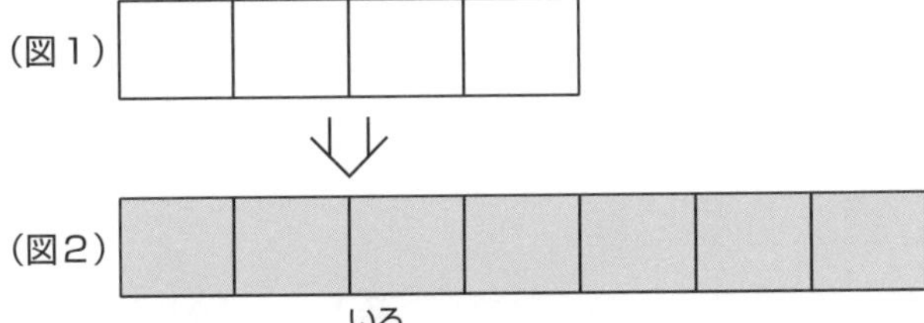

① （図2）の色の部分は，（図1）を7つに等しく分けたうちの4つ分です。

② （図2）の色の部分は，（図1）より3つ多い。

③ （図2）の色の部分は，（図1）を4つに等しく分けたうちの7つ分です。

●保護者の方へ：分数をイメージでつかむトレーニングです。

〔　　月　　日〕

10 分数感覚 I

目標時間は5分

分　　秒

QA　あてはまる部分に斜線をひきましょう。

（1）4つに等しく分けたうち の3つ分

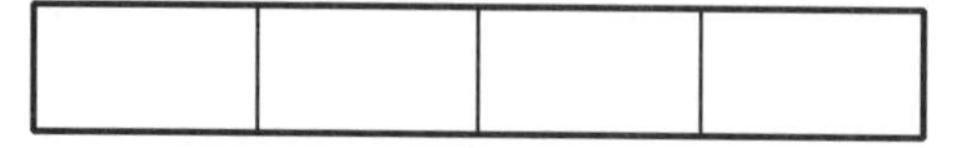

（2）4つに等しく分けたうち の2つ分

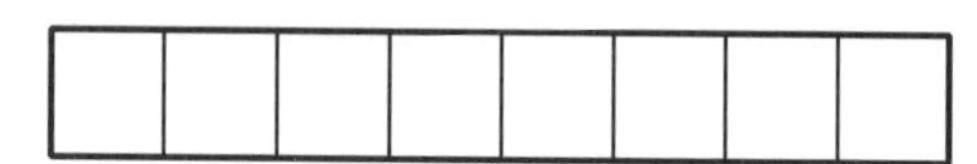

（3）4つに等しく分けたうち の4つ分

（4）4つに等しく分けたもの の1個分を6つあつめたもの。（図2）にかきこむ。

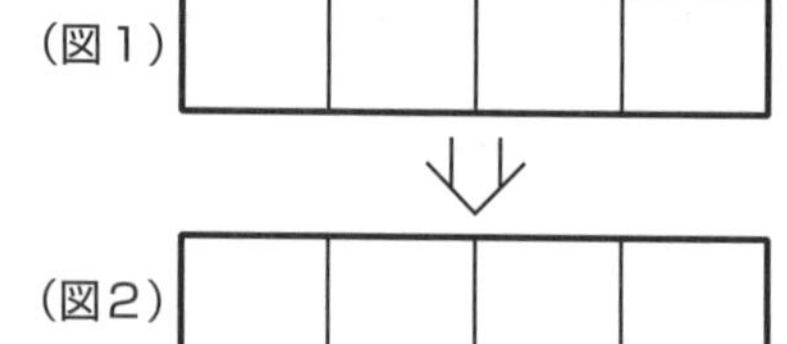

QB　次の図の説明として正しいものを1つだけえらんで，番号で答えましょう。

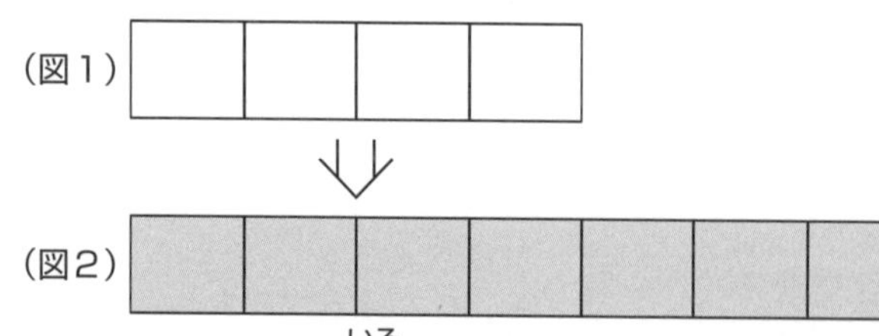

① （図2）の色の部分は，（図1）を7つに等しく分けたうちの4つ分です。

② （図1）は，（図2）の色の部分を4つに等しく分けたうちの7つ分です。

③ （図2）の色の部分は，（図1）を4つに等しく分けたうちの7つ分です。

●保護者の方へ：分数をイメージでつかむトレーニングです。

〔　　月　　日〕

11 分数感覚Ⅱ　考え方復習

じっくりとりくみましょう

分　　秒

■ 4つに分けたうちの1つ分を色で表すと次のようになります。

(これを $\frac{1}{4}$『よんぶんのいち』といいます)

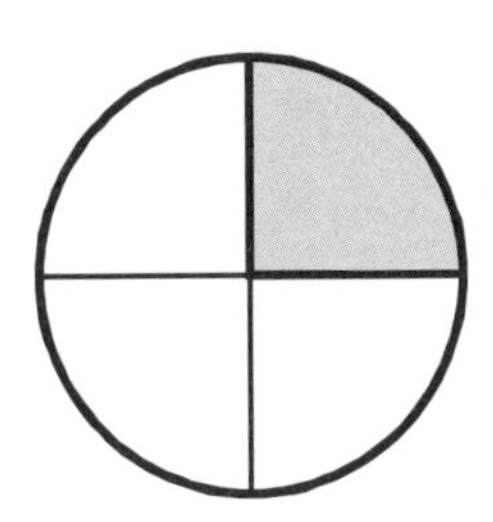

また，以下のような場合も同じように全体を4つに分けたうちの1つ分として考えることができます。

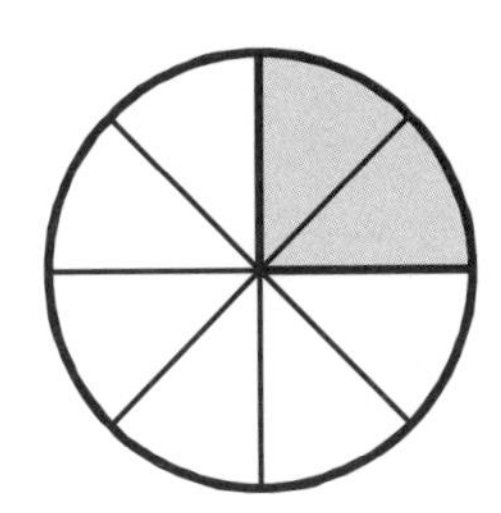

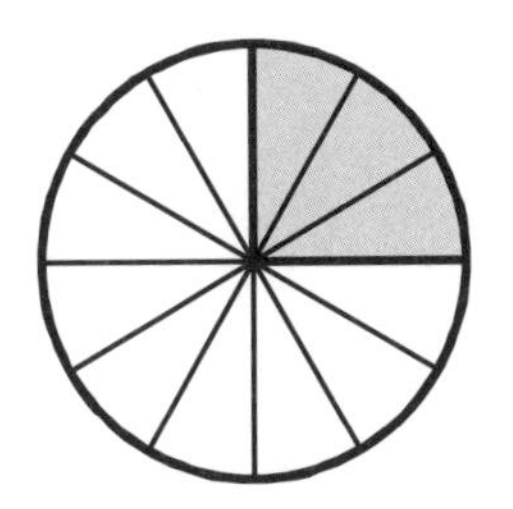

数えるのではなく
色の部分を頭の中で
かたまりとして
イメージしましょう

●保護者の方へ：分数をイメージでつかむトレーニングです。

〔　　月　　日〕

12 分数感覚Ⅱ 考え方

じっくりとりくみましょう

分　　秒

■ 4つに分けたうちの5つ分を色で表すと次のようになります。

(これを $\frac{5}{4}$『よんぶんのご』といいます。)

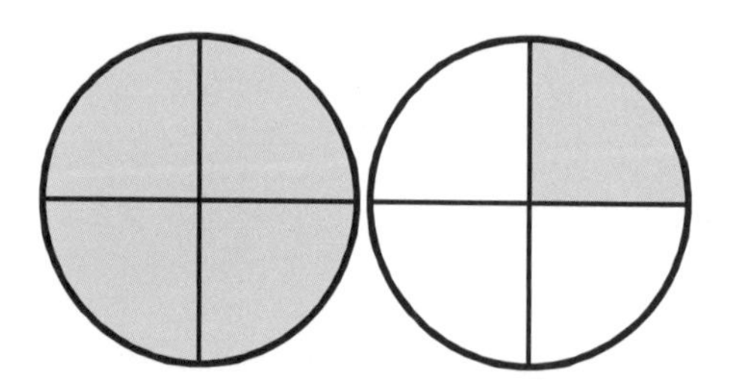

■ 3つに分けたうちの7つ分を色で表すと次のようになります。

(これを $\frac{7}{3}$『さんぶんのなな』といいます。)

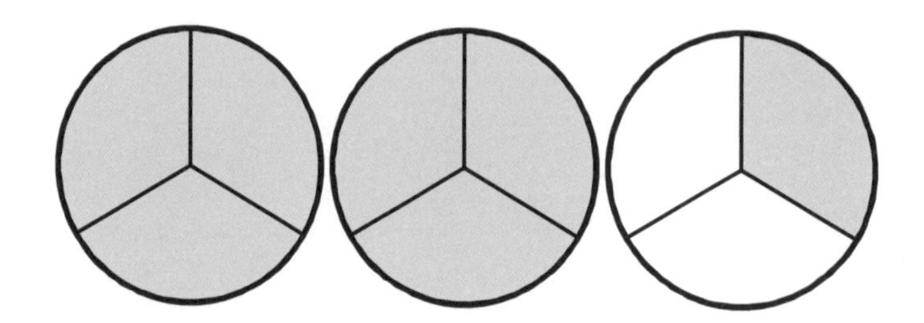

色の部分を頭の中で
かたまりとして
イメージしましょう

●保護者の方へ：分数をイメージでつかむトレーニングです。

13 分数感覚 Ⅱ

目標時間は５分
分　　秒

QA あてはまる部分に斜線をひきましょう。

（１）　４つに分けたうちの

７つ分（$\frac{7}{4}$ といいます）

（２）　８つに分けたうちの

12こ分（$\frac{12}{8}$ といいます）

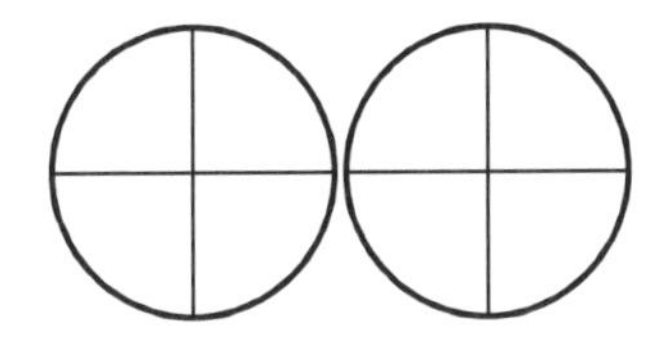

（３）　３つに分けたうちの

４つ分（$\frac{4}{3}$ といいます）

（４）　２つに分けたうちの

３つ分（$\frac{3}{2}$ といいます）

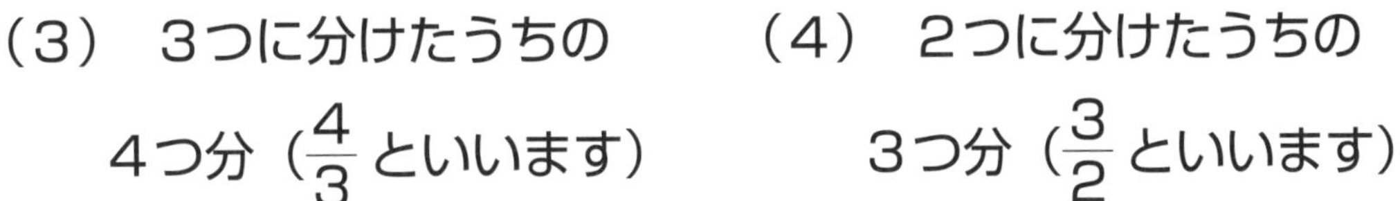

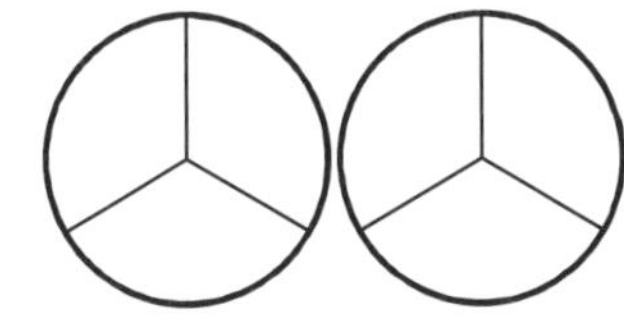

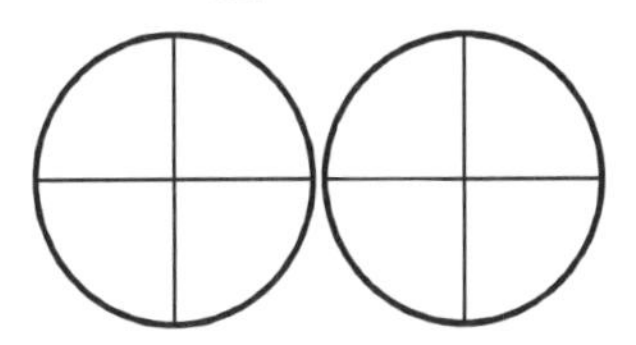

QB あてはまる部分に斜線をひきましょう。

（１）　４つに分けたうちの

３つ分（$\frac{3}{4}$ といいます）

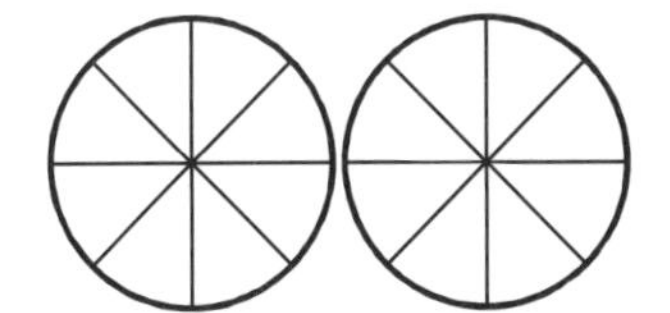

（２）　４つに分けたうちの

７つ分（$\frac{7}{4}$ といいます）

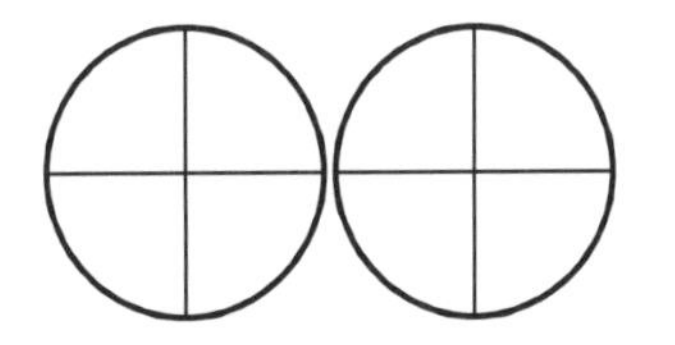

（３）　６つに分けたうちの

８つ分（$\frac{8}{6}$ といいます）

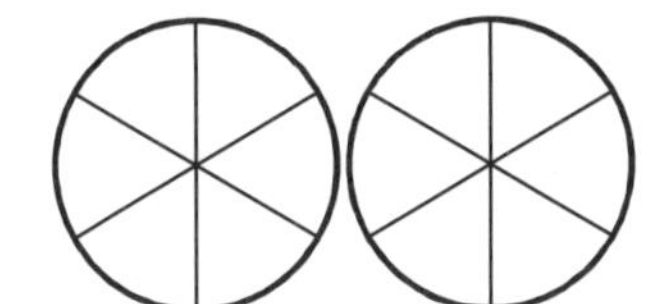

（４）　３つに分けたうちの

５つ分（$\frac{5}{3}$ といいます）

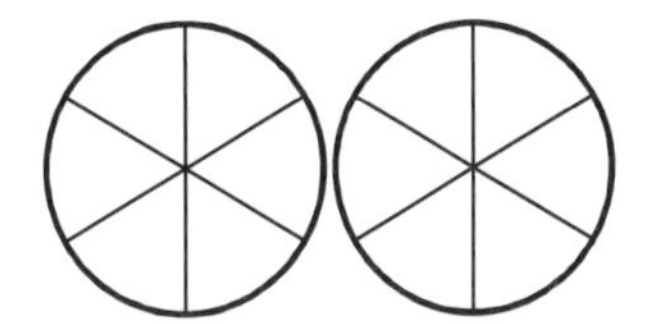

●保護者の方へ：分数をイメージでつかむトレーニングです。

step 2

〔　　月　　日〕

14 分数感覚Ⅱ

目標時間は5分

分　　秒

QA あてはまる部分に斜線をひきましょう。

（1） 4つに分けたうちの

7つ分 （$\frac{7}{4}$ といいます）

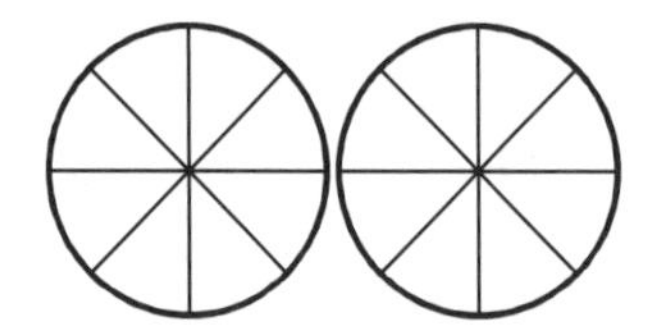

（2） 8つに分けたうちの

12こ分（$\frac{12}{8}$ といいます）

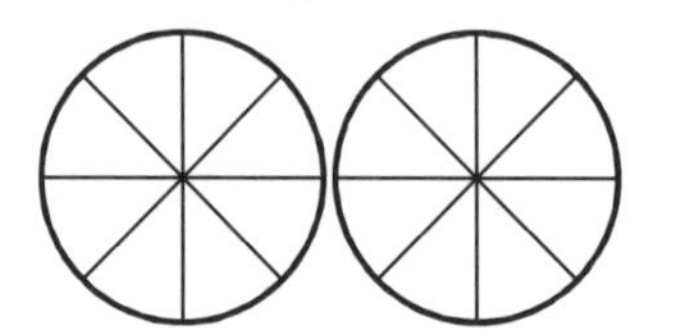

（3） 3つに分けたうちの

4つ分 （$\frac{4}{3}$ といいます）

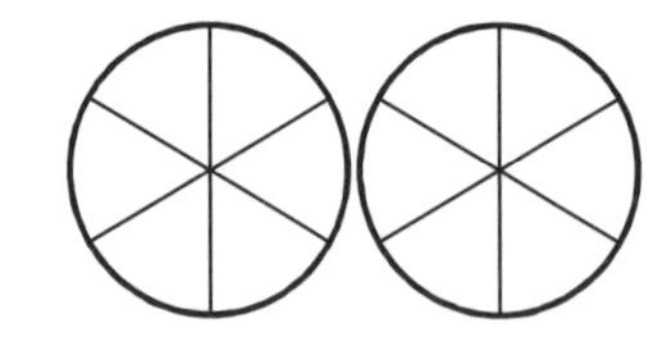

（4） 2つに分けたうちの

3つ分 （$\frac{3}{2}$ といいます）

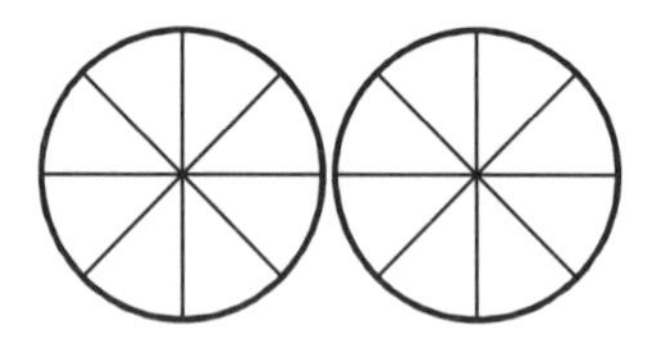

QB あてはまる部分に斜線をひきましょう。

（1） 4つに分けたうちの

10こ分 （$\frac{10}{4}$ といいます）

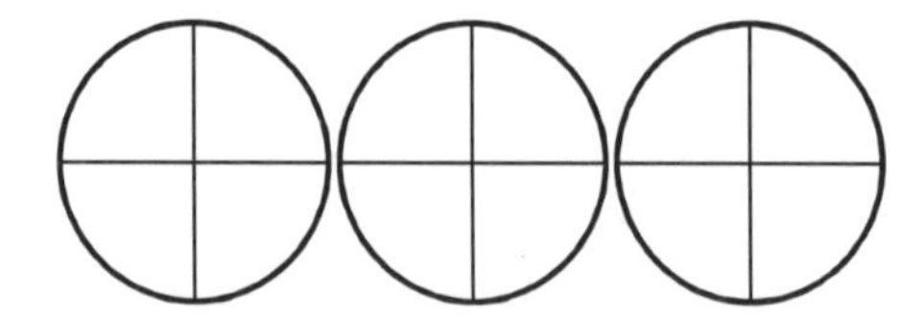

（2） 6つに分けたうちの

16こ分（$\frac{16}{6}$ といいます）

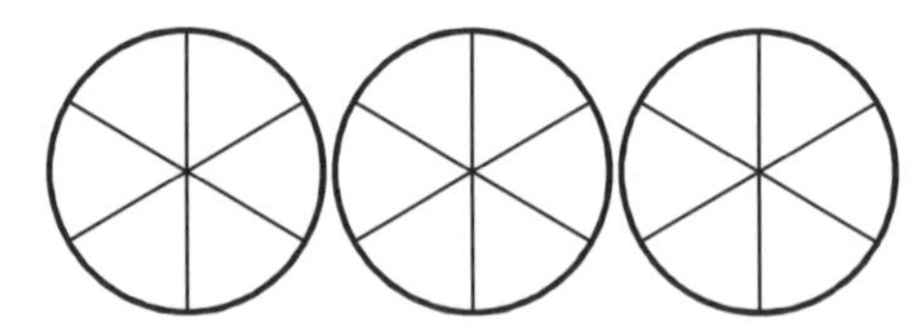

（3） 2つに分けたうちの

3つ分 （$\frac{3}{2}$ といいます）

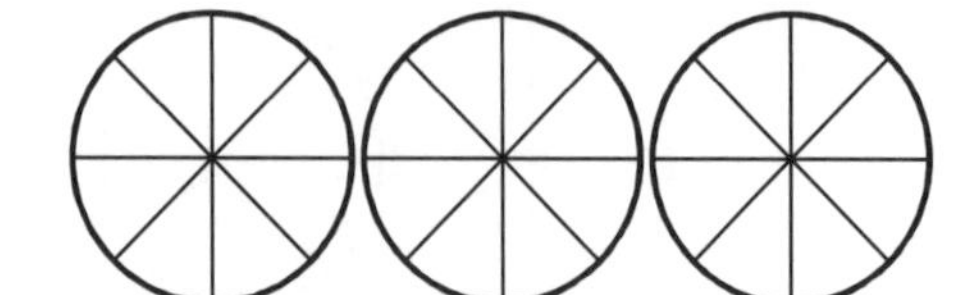

（4） 3つに分けたうちの

8つ分 （$\frac{8}{3}$ といいます）

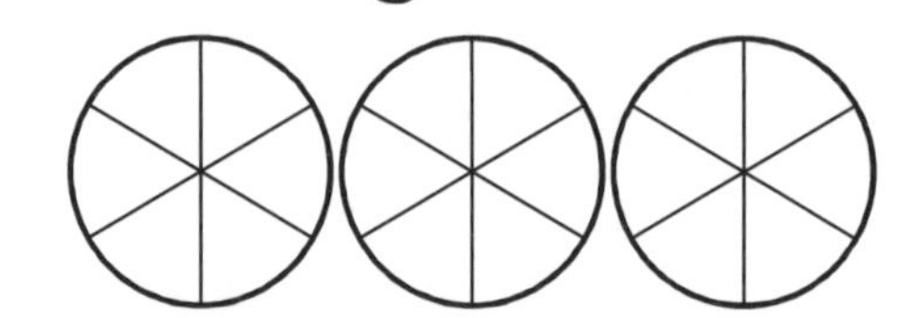

●保護者の方へ：分数をイメージでつかむトレーニングです。

〔　　月　　日〕

15 数量感覚 I

目標時間は5分

分　　秒

Q 次の問いに答えましょう。
なお，すべて頭の中で考えましょう。（計算もできるだけ暗算でしましょう。）答えをまちがえた場合やわからない場合のみ，図やメモをかいて考えましょう。

（1） Aくんは，前から３番目で，後ろから２番目です。全部で何人いますか。

□ 人

（2） 8月１日から8月５日までは何日間ですか。

□ 日間

（3） Aくんは，前から３番目で全体の人数は５人です。後ろからは何番目ですか。

□ 番目

（4） 大きな木を１列に３本植え，木と木の間に小さな花を１本ずつ植えました。花は全部で何本植えましたか。

□ 本

（5） Aくんは，後ろから４番目で全体の人数は５人です。前からは何番目ですか。

□ 番目

●保護者の方へ：量をイメージしながら計算をするトレーニングです。

16 数量感覚 I

目標時間は５分
分　秒

Q 次の問いに答えましょう。
なお，すべて頭の中で考えましょう。（計算もできるだけ暗算でしましょう。）答えをまちがえた場合やわからない場合のみ，図やメモをかいて考えましょう。

（１）　Ａくんは，前から２番目で，後ろから４番目です。全部で何人いますか。

□人

（２）　９月２日から９月４日までは何日間ですか。

□日間

（３）　Ａくんは，前から４番目で全体の人数は５人です。後ろからは何番目ですか。

□番目

（４）　大きな木を１列に４本植え，木と木の間に小さな花を１本ずつ植えました。花は全部で何本植えましたか。

□本

（５）　Ａくんは，後ろから５番目で全体の人数は５人です。前からは何番目ですか。

□番目

●保護者の方へ：量をイメージしながら計算をするトレーニングです。

step 3　〔　月　日〕

17 数量感覚 I

目標時間は5分

分　秒

Q 次の問いに答えましょう。
なお，すべて頭の中で考えましょう。（計算もできるだけ暗算でしましょう。）答えをまちがえた場合やわからない場合のみ，図やメモをかいて考えましょう。

（1） Aくんは，前から1番目で，後ろから5番目です。全部で何人いますか。

□人

（2）10月7日から10月9日までは何日間ですか。

□日間

（3） Aくんは，前から3番目で全体の人数は4人です。後ろからは何番目ですか。

□番目

（4） 大きな木を1列に3本植え，木と木の間に小さな花を2本ずつ植えました。花は全部で何本植えましたか。

□本

（5） Aくんは，後ろから5番目で全体の人数は7人です。前からは何番目ですか。

□番目

●保護者の方へ：量をイメージしながら計算をするトレーニングです。

〔　　月　　日〕

18 数量感覚 I

目標時間は5分

分　　秒

Q 次の問いに答えましょう。
なお，すべて頭の中で考えましょう。（計算もできるだけ暗算でしましょう。）答えをまちがえた場合やわからない場合のみ，図やメモをかいて考えましょう。

（1） Aくんは，前から4番目で，後ろから6番目です。全部で何人いますか。

□人

（2） 11月13日から11月16日までは何日間ですか。

□日間

（3） Aくんは，前から6番目で全体の人数は10人です。後ろからは何番目ですか。

□番目

（4） 大きな木を1列に7本植え，木と木の間に小さな花を1本ずつ植えました。花は全部で何本植えましたか。

□本

（5） Aくんは，後ろから7番目で全体の人数は9人です。前からは何番目ですか。

□番目

●保護者の方へ：量をイメージしながら計算をするトレーニングです。

19 数の分解

目標時間は5分
分　秒

Q （例）のように，□にあてはまる数をかきましょう。

（例）　6＝2×3　　8＝2×2×2

（1）18＝ 2 × 3 × □

（2）20＝ □ × 2 × 5

（3）27＝ 3 × □ × 3

（4）30＝ 2 × □ × 5

（5）28＝ 2 × 2 × □

●保護者の方へ：量をイメージしながらかけ算をするトレーニングです。

〔　　月　　日〕

20 数の分解

目標時間は5分

分　　秒

Q □にあてはまる数をかきましょう。

(1) 42 ＝ 2 × 3 × □

(2) 12 ＝ □ × 2 × □

(3) 8 ＝ □ × □ × □

(4) 20 ＝ □ × 2 × □

(5) 27 ＝ □ × □ × 3

●保護者の方へ：量をイメージしながらかけ算をするトレーニングです。

21 約数とは

じっくりとりくみましょう　分　秒

■ 約数ってなあに？

例　6の約数とは…6を割り切れる整数のことです。

6 ÷ 1 = 6　→ 1で割ると割り切れるので，1は6の約数です。
6 ÷ 2 = 3　→ 2で割ると割り切れるので，2は6の約数です。
6 ÷ 3 = 2　→ 3で割ると割り切れるので，3は6の約数です。
6 ÷ 4 = 1…2 → 4で割ると割り切れないので，4は6の約数ではありません。
6 ÷ 5 = 1…1 → 5で割ると割り切れないので，5は6の約数ではありません。
6 ÷ 6 = 1　→ 6で割ると割り切れるので，6は6の約数です。

6の約数＝｛1，2，3，6｝

⇓

次のようにも考えることができます。

⇓

6 ÷ 1 = 6 → 1は6の約数です。それならば，答えの6も6の約数です。
6 ÷ 2 = 3 → 2は6の約数です。それならば，答えの3も6の約数です。

⇓

このように，2つで1組になる場合がほとんどです。

6の約数＝｛1，2，3，6｝

⇓

2つで1組にならない場合は，次のような場合です。

（例）16の約数＝｛1，2，4，8，16｝

16 ÷ 4 = 4　の場合は，割る数と答えが同じなので，
1つで1組にはなりません。

理解できるまで
じっくり
考えよう！

●保護者の方へ：約数を量としてイメージして理解するトレーニングです。

〔　　月　　日〕

22 最大公約数とは

じっくりとりくみましょう　　分　　秒

■ 最大公約数ってなあに？

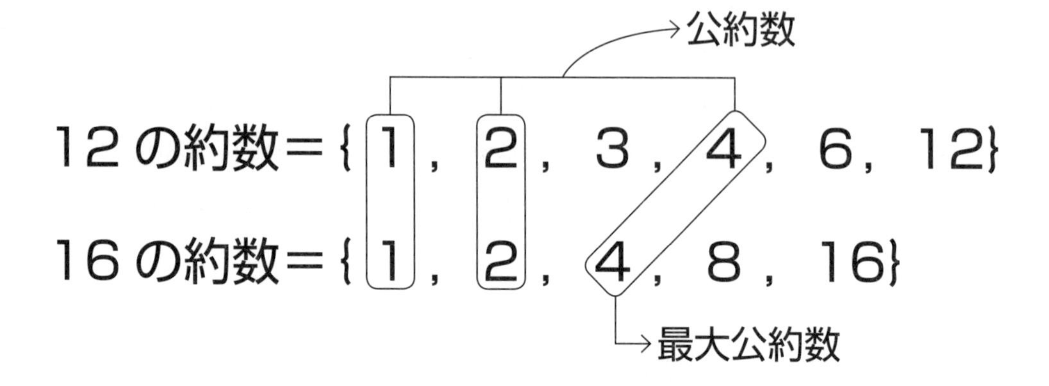

公約数は最大公約数の約数だよ！

12と16の公約数＝{1，2，4}

＝

4の約数＝{1，2，4}

→12と16の最大公約数

〔　　月　　日〕

23 最大公約数

目標時間は５分

分　　秒

Q A 次の数の最大公約数をそれぞれ暗算で求めなさい。
（わからない場合は，それぞれの約数をかき出して考えなさい。）

（1） 2と4 

（2） 4と6 

（3） 3と9 

（4） 2と6 

Q B 次の数の最大公約数をそれぞれ暗算で求めなさい。
（わからない場合は，それぞれの約数をかき出して考えなさい。）

（1） 2と 10 と 12 

（2） 4と 10 と 12

●保護者の方へ：公約数を量としてイメージするトレーニングです。

step 5　〔　月　日〕

24 最大公約数

目標時間は5分

分　秒

Q A　次の数の最大公約数をそれぞれ暗算で求めなさい。
（わからない場合は，それぞれの約数をかき出して考えなさい。）

（1）6と9 　（2）3と6 

（3）4と8 　（4）6と8 

Q B　次の数の最大公約数をそれぞれ暗算で求めなさい。
（わからない場合は，それぞれの約数をかき出して考えなさい。）

（1）4と16と24 　（2）5と10と60

●保護者の方へ：公約数を量としてイメージするトレーニングです。

〔　　月　　日〕

25 倍数とは

じっくりとりくみましょう　　分　　秒

■ 倍数ってなあに？

例A　3の倍数とは…3を整数倍（1以上）した数のことです。

3 × 1 = 3
3 × 2 = 6
3 × 3 = 9　　3の倍数＝{3, 6, 9, 12, 15, ……}
3 × 4 = 12
3 × 5 = 15
⋮

例B　4の倍数とは…4を整数倍（1以上）した数のことです。

4 × 1 = 4
4 × 2 = 8
4 × 3 = 12　　4の倍数＝{4, 8, 12, 16, 20, ……}
4 × 4 = 16
4 × 5 = 20
⋮

理解できたかな？

●保護者の方へ：倍数を量としてイメージするトレーニングです。

〔　　月　　日〕

26 最小公倍数とは

じっくりとりくみましょう

分　　秒

■ 最小公倍数ってなあに？

公倍数

2の倍数＝{2, 4, 6, 8, 10, 12, 14, 16, 18, 20, ……}

3の倍数＝{3, 6, 9, 12, 15, 18, 21, ……}

最小公倍数

公倍数は最小公倍数の倍数だよ！

2と3の公倍数＝{6, 12, 18, ……}

‖

6の倍数　＝{6, 12, 18, ……}

→2と3の最小公倍数

●保護者の方へ：公倍数を量としてイメージするトレーニングです。

〔　月　日〕

27 最小公倍数

目標時間は５分

分　秒

QA　次の数の最小公倍数をそれぞれ暗算で求めなさい。
つぎ　かず　さいしょうこうばいすう　　　　　あんざん　もと
（わからない場合は，それぞれの倍数をかき出して考えなさ
ばあい　　　　　　　　　　ばいすう　　だ　　　かんが
い。）

（１）２と４ 

（２）２と３ 

（３）２と５ 

（４）２と６ 

QB　次の数の最小公倍数をそれぞれ暗算で求めなさい。
つぎ　かず　さいしょうこうばいすう　　　　　あんざん　もと
（わからない場合は，それぞれの倍数をかき出して考えなさ
ばあい　　　　　　　　　　ばいすう　　だ　　　かんが
い。）

（１）２と４と６ 

（２）２と３と５

●保護者の方へ：公倍数を量としてイメージするトレーニングです。

28 最小公倍数

目標時間は５分

分　　秒

Q A　次の数の最小公倍数をそれぞれ暗算で求めなさい。
（わからない場合は，それぞれの倍数をかき出して考えなさい。）

（1）３と４ 

（2）３と７ 

（3）４と６ 

（4）４と９ 

Q B　次の数の最小公倍数をそれぞれ暗算で求めなさい。
（わからない場合は，それぞれの倍数をかき出して考えなさい。）

（1）２と３と４ 

（2）２と５と７

●保護者の方へ：公倍数を量としてイメージするトレーニングです。

29 数量感覚Ⅱ 速さ

目標時間は５分

分　秒

Q 次の問いに答えなさい。
すべて頭の中で考えて答えを求めなさい。図やメモをかいてはいけません。間違えたときは，図やメモをかいて正解を確認しなさい。

（１）３時間で 150km 進む車は，１時間あたり何 km 進みますか。

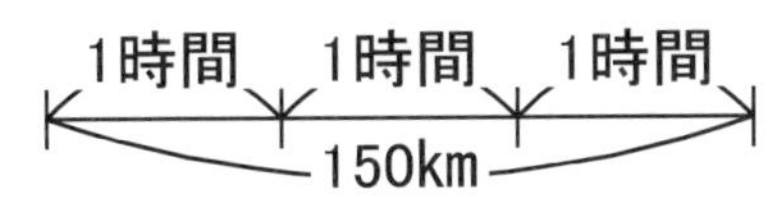

□ km

（２）１時間あたり 30km 進む車が，180km 進むには何時間かかりますか。

1時間　1時間　……
30km　30km　……

□ 時間

（３）１時間で 50km 走る車は，４時間で何 km 走りますか。

1時間　1時間　1時間　1時間
50km　50km　□km　□km

km

●保護者の方へ：１時間で進む距離を量としてイメージするトレーニングです。

〔　　月　　日〕

30 数量感覚Ⅱ（すうりょうかんかく） 速  さ

目標時間は５分
分　　秒

Q 次の問いに答えなさい。
すべて頭の中で考えて答えを求めなさい。図やメモをかいてはいけません。間違えたときは，図やメモをかいて正解を確認しなさい。

（１）６時間で 300km 進む車は，１時間あたり何 km 進みますか。

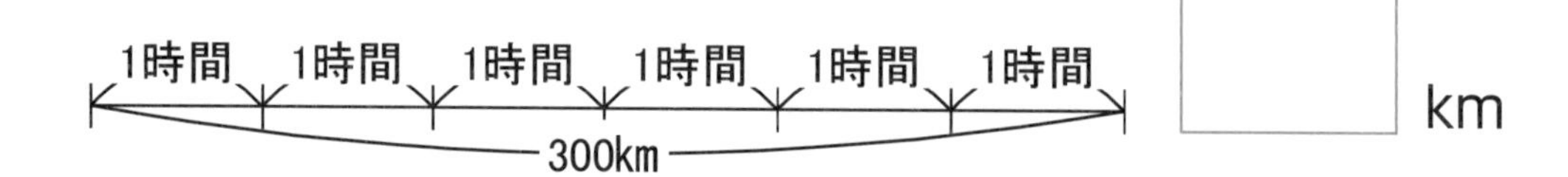

[　　] km

（２）１時間あたり 40km 進む車が，320km 進むには何時間かかりますか。

[　　] 時間

（３）１時間で 60km 走る車は，３時間で何 km 走りますか。

1時間　1時間　1時間
[　　]km　[　　]km　[　　]km

[　　] km

●保護者の方へ：１時間で進む距離を量としてイメージするトレーニングです。

〔　　月　　日〕

31 数量感覚Ⅲ 量感計算

目標時間は5分

分　　秒

Q A 次の答えを暗算で求めましょう。
なお，すべて頭の中で考えましょう。(計算もできるだけ暗算でしましょう。) 答えをまちがえた場合やわからない場合のみ，図やメモをかいて考えましょう。

(1)
88個をたしたら □ 個

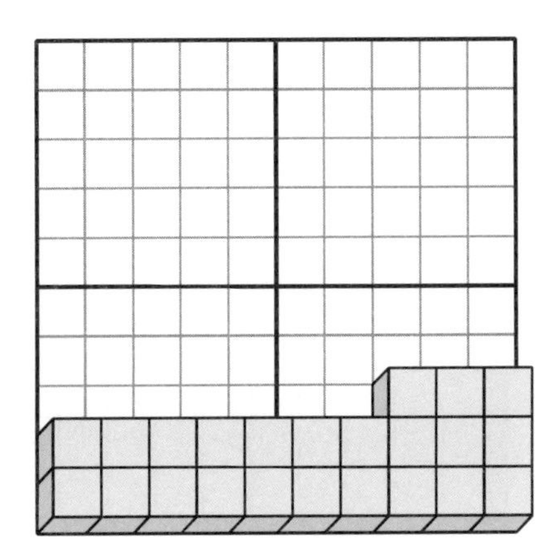

(2)
12個をひいたら □ 個

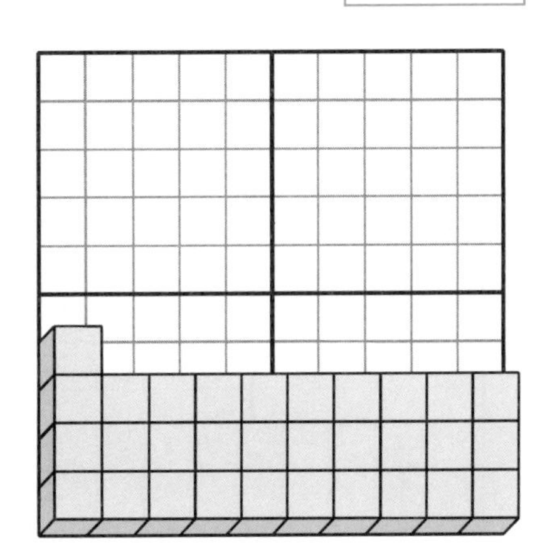

Q B 次の答えを暗算で求めましょう。
なお，すべて頭の中で考えましょう。(計算もできるだけ暗算でしましょう。) 答えをまちがえた場合やわからない場合のみ，図やメモをかいて考えましょう。

(1)
108＋103＝ □

(2)
109＋103＝ □

(3)
108＋106＝ □

(4)
107＋107＝ □

●保護者の方へ：ブロックの移動で答えをイメージするトレーニングです。

〔　　月　　日〕

32 数量感覚Ⅲ 量感計算

目標時間は5分

分　　秒

QA 次の答えを暗算で求めましょう。
なお，すべて頭の中で考えましょう。（計算もできるだけ暗算でしましょう。）答えをまちがえた場合やわからない場合のみ，図やメモをかいて考えましょう。

（1）
95個をたしたら ［　　］ 個

（2）
15個をひいたら ［　　］ 個

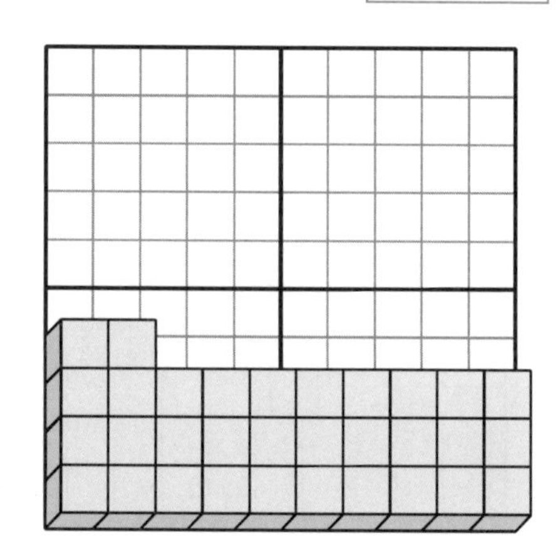

QB 次の答えを暗算で求めましょう。
なお，すべて頭の中で考えましょう。（計算もできるだけ暗算でしましょう。）答えをまちがえた場合やわからない場合のみ，図やメモをかいて考えましょう。

（1）
108＋104＝ ［　　］

（2）
107＋105＝ ［　　］

（3）
108＋119＝ ［　　］

（4）
109＋116＝ ［　　］

●保護者の方へ：ブロックの移動で答えをイメージするトレーニングです。

33 かけ算のとらえ方 ⑨

じっくりとりくみましょう　分　秒

■ しっかりと量をイメージしながら，次のかけ算を考えましょう。

(1)

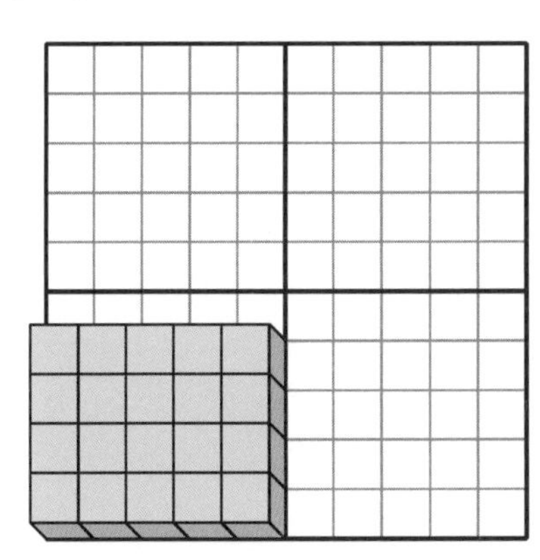

4 が 5 つで 20

このことをかけ算の式で表すと，

□ × □ ＝ 

と書きます。このことを，

□ の □ 倍は 

ともいいます。

(2)

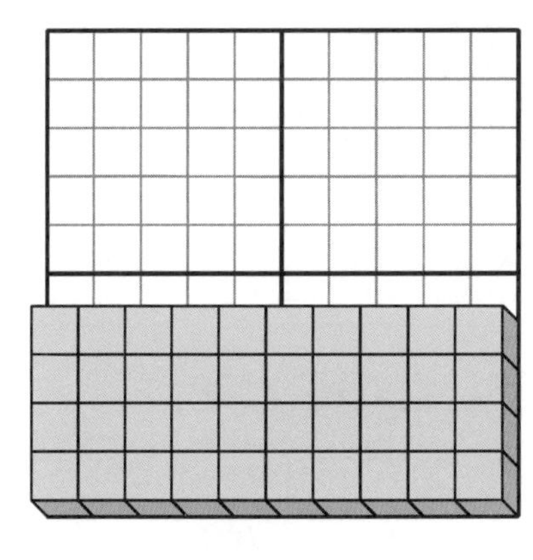

4 が 10 こで 40

このことをかけ算の式で表すと，

□ × □ ＝ 

と書きます。このことを，

□ の □ 倍は 

ともいいます。

●保護者の方へ：かけ算をイメージでつかむトレーニングです。

入門

〔　　月　　日〕

34 かけ算のとらえ方 ⑩

じっくりとりくみましょう

分　　秒

■ しっかりと量をイメージしながら，次のかけ算を考えましょう。

(1)

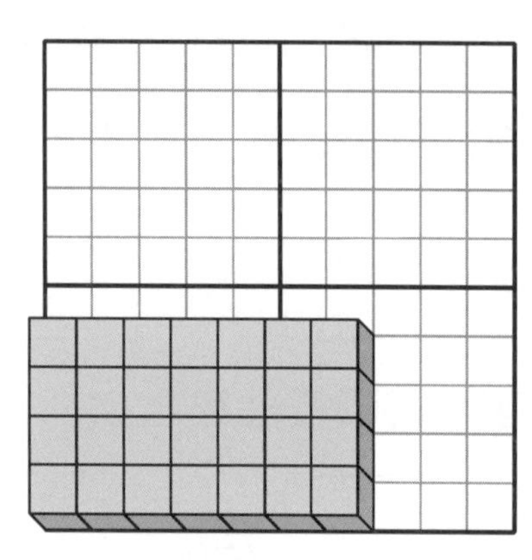

4 が 7 つで 28

このことをかけ算の式で表すと，

□ × □ ＝ □

と書きます。このことを，

□ の □ 倍は □

ともいいます。

(2)

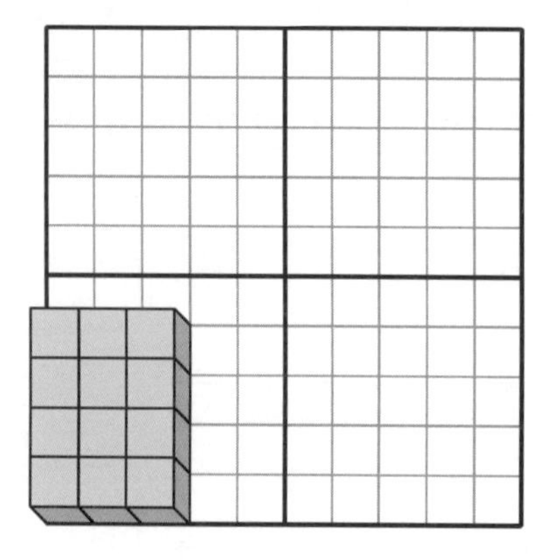

4 が 3 つで 12

このことをかけ算の式で表すと，

□ × □ ＝ □

と書きます。このことを，

□ の □ 倍は □

ともいいます。

●保護者の方へ：かけ算をイメージでつかむトレーニングです。

35 かけ算のとらえ方 ⑪

じっくりとりくみましょう　分　秒

■ しっかりと量をイメージしながら，次のかけ算を考えましょう。

(1)

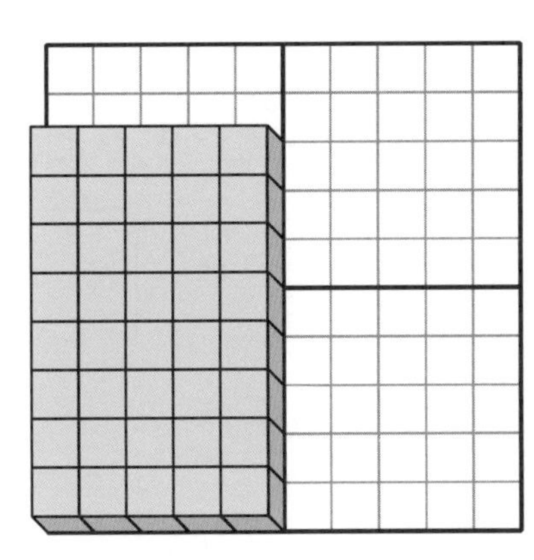

8 が 5 つで 40

このことをかけ算の式で表すと，

□ × □ ＝ 

と書きます。このことを，

□ の □ 倍は 

ともいいます。

(2)

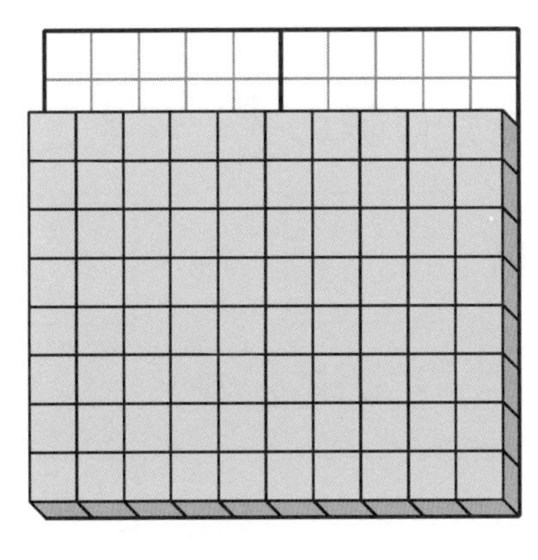

8 が 10 こで 80

このことをかけ算の式で表すと，

□ × □ ＝ □

と書きます。このことを，

□ の □ 倍は 

ともいいます。

〔　　月　　日〕

36 かけ算(ざん)のとらえ方(かた) ⑫

じっくりとりくみましょう

分　秒

■ しっかりと量(りょう)をイメージしながら，次(つぎ)のかけ算(ざん)を考(かんが)えましょう。

(1)

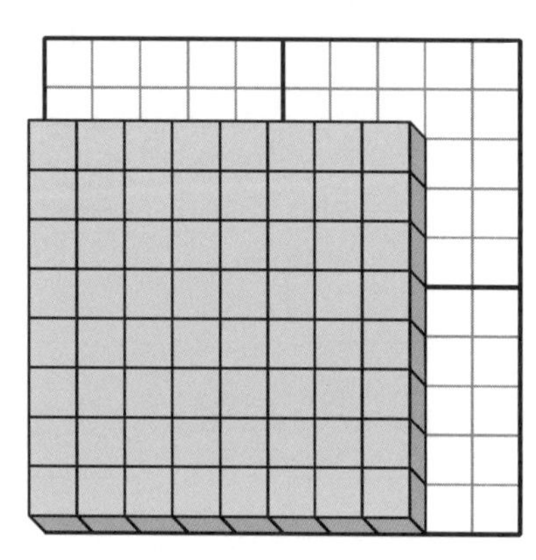

8 が 8 つで 64

このことをかけ算(ざん)の式(しき)で表(あらわ)すと，

□ × □ ＝ □

と書(か)きます。このことを，

□ の □ 倍(ばい)は □

ともいいます。

(2)

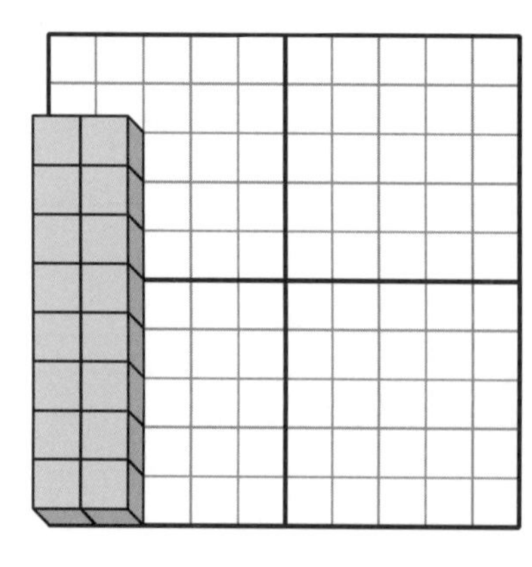

8 が 2 つで 16

このことをかけ算(ざん)の式(しき)で表(あらわ)すと，

□ × □ ＝ □

と書(か)きます。このことを，

□ の □ 倍(ばい)は □

ともいいます。

●保護者の方へ：かけ算をイメージでつかむトレーニングです。

〔　月　日〕

37 分数感覚Ⅰ

目標時間は５分

分　秒

Q A 下の図の（図１）を６個に分けたうちの 10 個分を（図２）に斜線であらわしましょう。

（図１）

（図２）

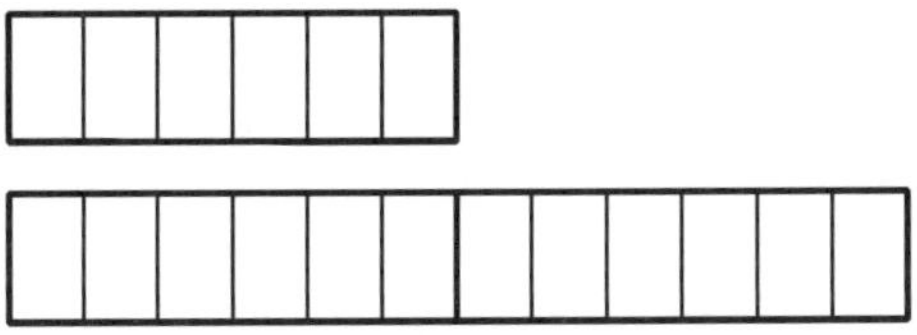

Q B 次の図の説明として正しいものを１つだけえらんで，番号で答えましょう。

（図１）

（図２）

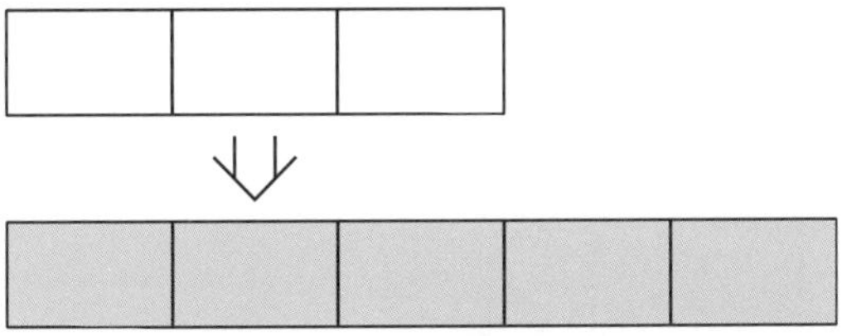

① （図１）は，（図２）の色の部分を３つに等しく分けたうちの５つ分です。
② （図２）の色の部分は，（図１）を３つに等しく分けたうちの５つ分です。
③ （図２）の色の部分は，（図１）を５つに等しく分けたうちの３つ分です。

Q C 次の図の説明として正しいものを１つだけえらんで，番号で答えましょう。

（図１）

（図２）

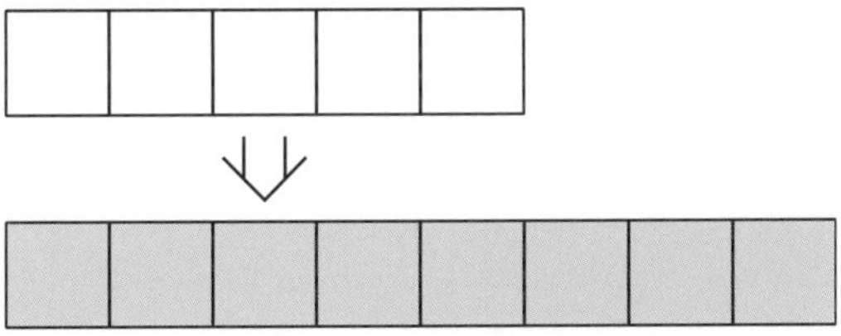

① （図１）は，（図２）の色の部分を５つに等しく分けたうちの８つ分です。
② （図２）の色の部分は，（図１）を５つに等しく分けたうちの８つ分です。
③ （図２）の色の部分は，（図１）を８つに等しく分けたうちの５つ分です。

●保護者の方へ：分数をイメージでつかむトレーニングです。

step 1　〔　　月　　日〕

38 分数感覚Ⅰ

目標時間は5分

分　　秒

QA 下の図の（図1）を3個に分けたうちの5個分を（図2）に斜線であらわしましょう。

（図1）□□□□□□

（図2）□□□□□□□□□□□□

QB 次の図の説明として正しいものを1つだけえらんで，番号で答えましょう。

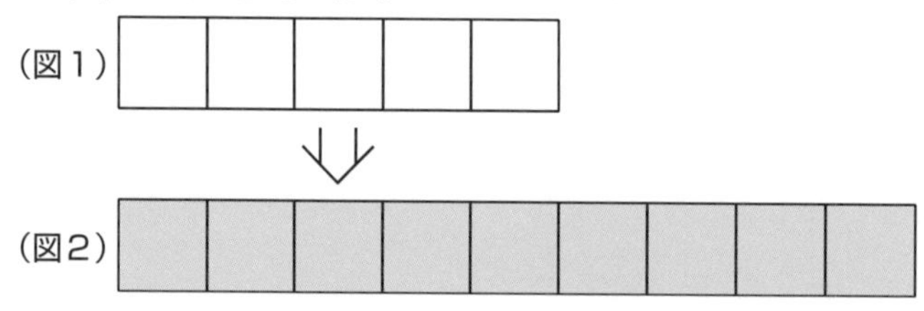

① （図1）は，（図2）の色の部分を5つに等しく分けたうちの9つ分です。
② （図2）の色の部分は，（図1）を5つに等しく分けたうちの9つ分です。
③ （図2）の色の部分は，（図1）を9つに等しく分けたうちの5つ分です。

□

QC 次の図の説明として正しいものを1つだけえらんで，番号で答えましょう。

（図1）□□□□□□

（図2）■■■■■■■■■■□□

① （図2）の色の部分は，（図1）を6つに等しく分けたうちの10個分です。
② （図2）の色の部分は，（図1）を10個に等しく分けたうちの6つ分です。
③ （図1）は，（図2）の色の部分を6つに等しく分けたうちの10個分です。

□

●保護者の方へ：分数をイメージでつかむトレーニングです。

step 2　〔　月　日〕

39 分数感覚Ⅱ（ぶんすうかんかく）

目標時間は5分　　分　秒

QA あてはまる部分（ぶぶん）に斜線（しゃせん）をひきましょう。

（1）円（えん）を4つに分（わ）けたうちの1つ分（ぶん）（$\frac{1}{4}$といいます）

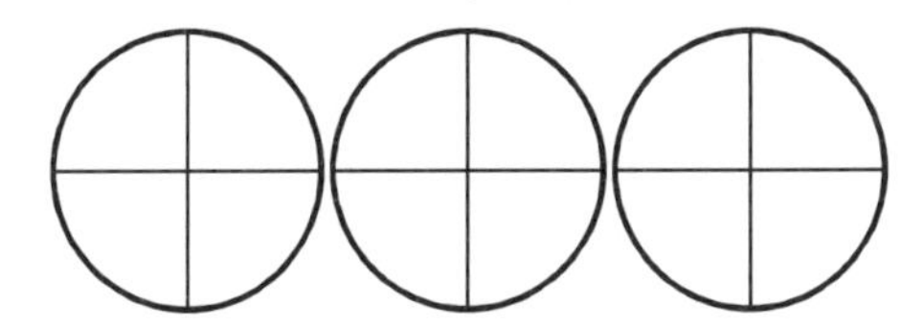

（2）円を3つに分けたうちの4こ分（$\frac{4}{3}$といいます）

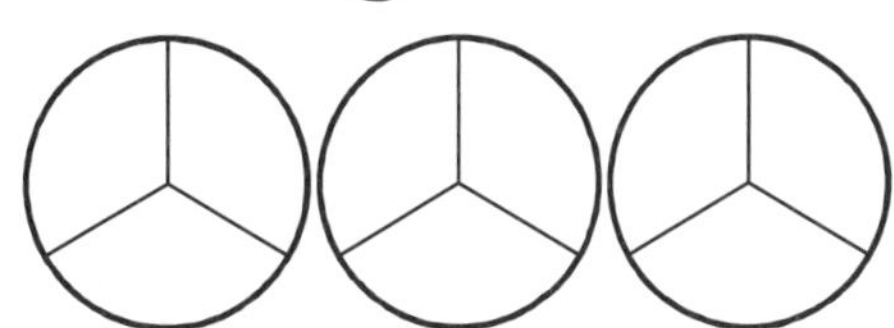

（3）円を4つに分けたうちの11こ分（$\frac{11}{4}$といいます）

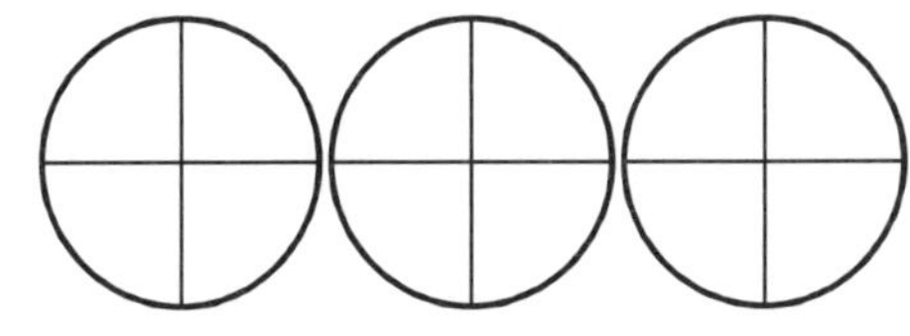

（4）円を8つに分けたうちの13こ分（$\frac{13}{8}$といいます）

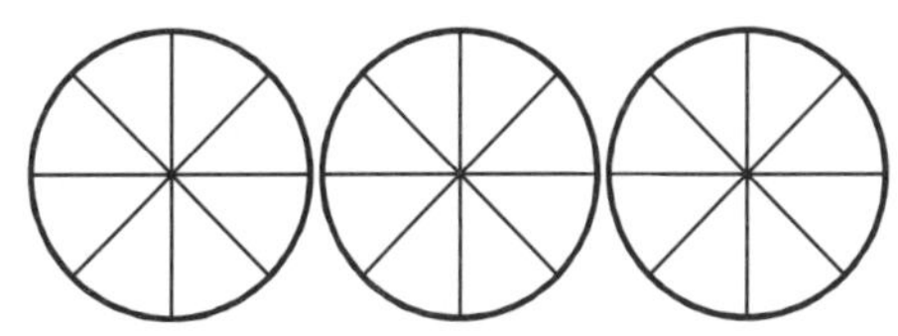

QB あてはまる部分に斜線をひきましょう。

（1）円を4つに分けたうちの3つ分（$\frac{3}{4}$といいます）

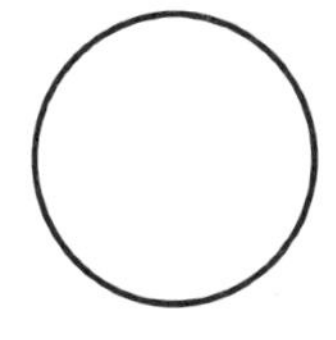

解答→

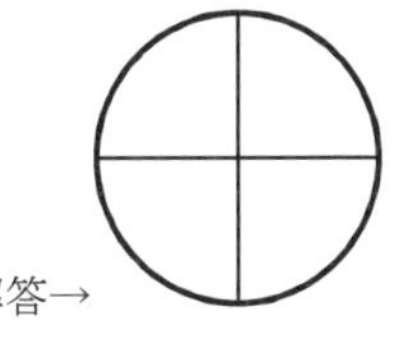

（2）円を8つに分けたうちの4つ分（$\frac{4}{8}$といいます）

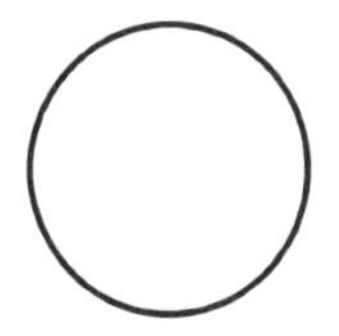

解答→

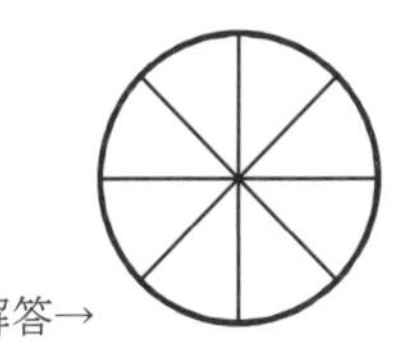

（3）円を8つに分けたうちの5つ分（$\frac{5}{8}$といいます）

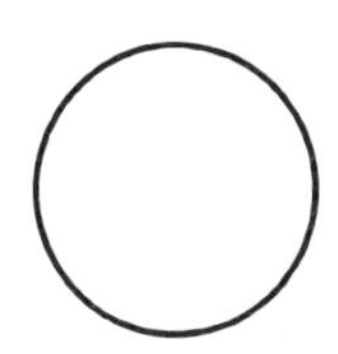

解答→

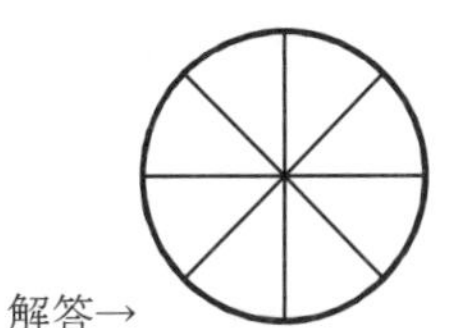

（4）円を6つに分けたうちの4つ分（$\frac{4}{6}$といいます）

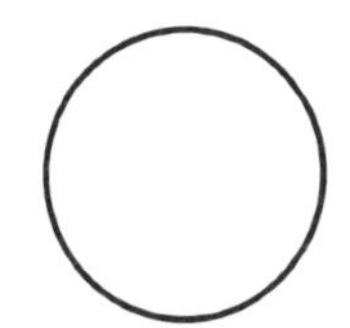

解答→

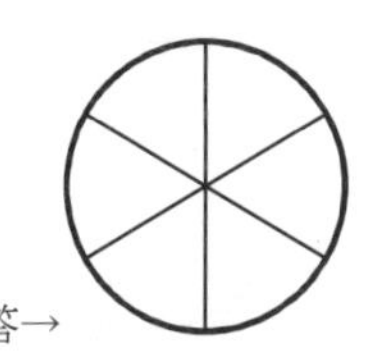

●保護者の方へ：分数をイメージでつかむトレーニングです。

40 分数感覚Ⅱ

目標時間は5分
分　秒

Q A あてはまる部分に斜線をひきましょう。

（1） 円を4つに分けたうちの7つ分（$\frac{7}{4}$といいます）

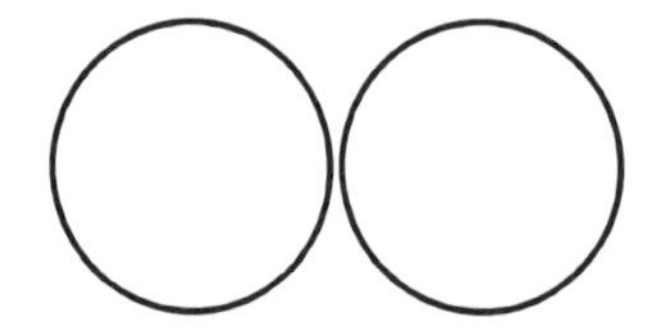

（2） 円を8つに分けたうちの12こ分（$\frac{12}{8}$といいます）

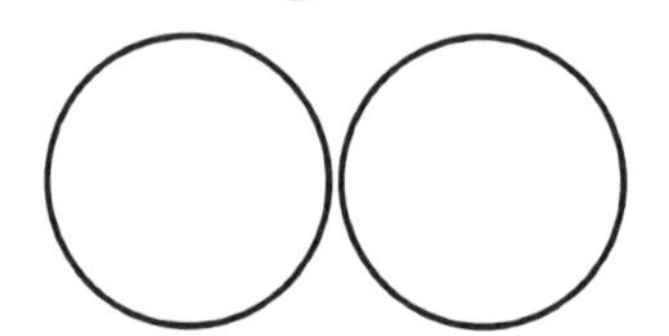

（3） 円を3つに分けたうちの4つ分（$\frac{4}{3}$といいます）

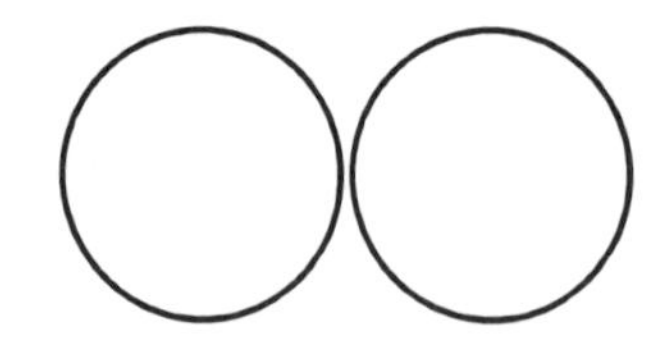

（4） 円を2つに分けたうちの3つ分（$\frac{3}{2}$といいます）

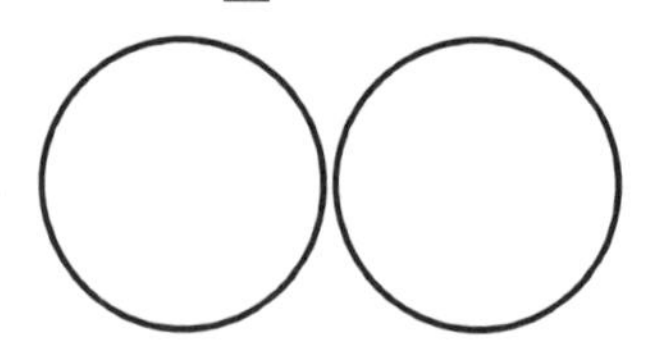

Q B あてはまる部分に斜線をひきましょう。

（1） 円を4つに分けたうちの3つ分（$\frac{3}{4}$といいます）

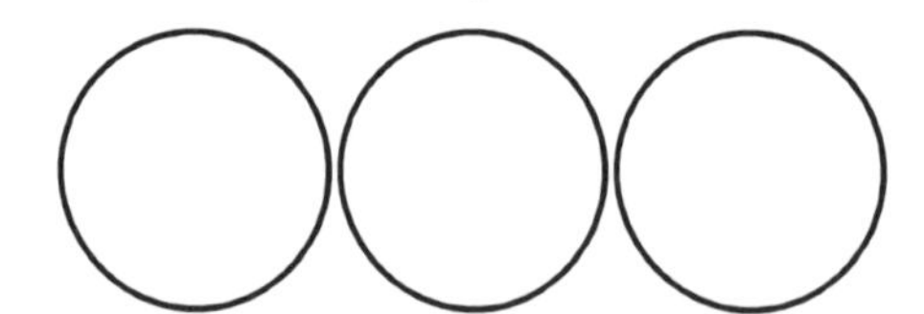

（2） 円を4つに分けたうちの5つ分（$\frac{5}{4}$といいます）

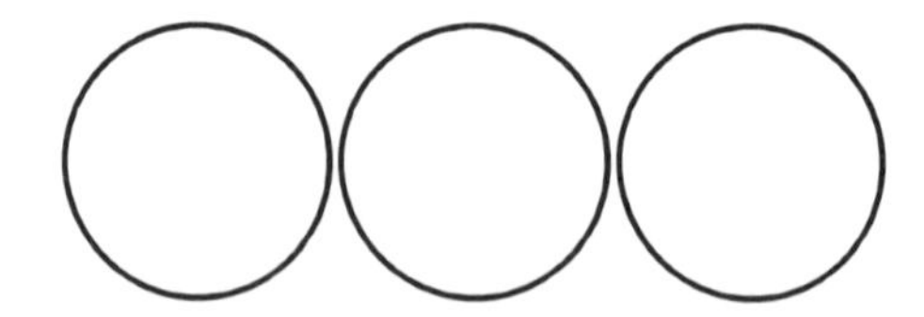

（3） 円を4つに分けたうちの9つ分（$\frac{9}{4}$といいます）

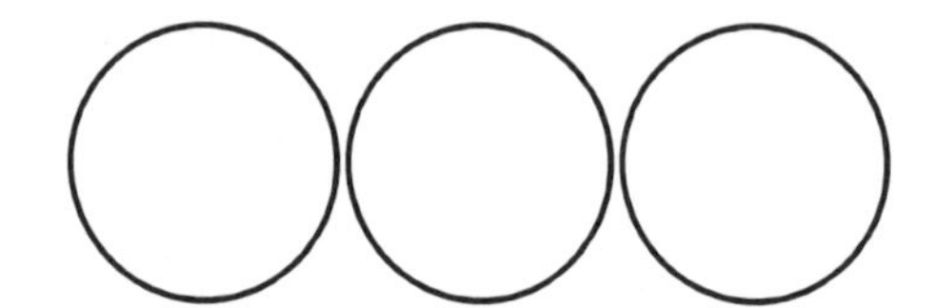

（4） 円を3つに分けたうちの7つ分（$\frac{7}{3}$といいます）

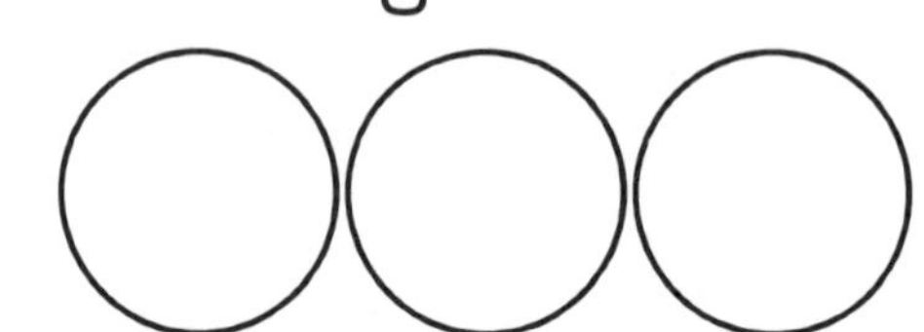

●保護者の方へ：分数をイメージでつかむトレーニングです。

41 数量感覚 I

目標時間は５分
分　秒

Q 次の問いに答えましょう。
なお，すべて頭の中で考えましょう。（計算もできるだけ暗算でしましょう。）答えをまちがえた場合やわからない場合のみ，図やメモをかいて考えましょう。

（1）　A くんは，前から８番目で，後ろから３番目です。全部で何人いますか。

□ 人

（2）　12 月 15 日から 12 月 24 日までは何日間ですか。

□ 日間

（3）　A くんは，前から４番目で全体の人数は９人です。後ろからは何番目ですか。

□ 番目

（4）　大きな木を１列に４本植え，木と木の間に小さな花を２本ずつ植えました。花は全部で何本植えましたか。

□ 本

（5）　A くんは，後ろから 10 番目で全体の人数は 12 人です。前からは何番目ですか。

□ 番目

●保護者の方へ：量をイメージしながら計算をするトレーニングです。

42 数量感覚 Ⅰ

目標時間は5分

分　秒

Q 次の問いに答えましょう。
なお，すべて頭の中で考えましょう。（計算もできるだけ暗算でしましょう。）答えをまちがえた場合やわからない場合のみ，図やメモをかいて考えましょう。

（1） Aくんは，前から9番目で，後ろから9番目です。全部で何人いますか。

□ 人

（2） 1月 11 日から1月 22 日までは何日間ですか。

□ 日間

（3） Aくんは，前から 12 番目で全体の人数は 20 人です。後ろからは何番目ですか。

□ 番目

（4） 大きな木を1列に 11 本植え，木と木の間に小さな花を2本ずつ植えました。花は全部で何本植えましたか。

□ 本

（5） Aくんは，後ろから 13 番目で全体の人数は 23 人です。前からは何番目ですか。

□ 番目

●保護者の方へ：量をイメージしながら計算をするトレーニングです。

43 数の分解

目標時間は５分　分　秒

Q □にあてはまる数をかきましょう。

(1) 30 ＝ [2] × [　] × [　]

(2) 28 ＝ [　] × [2] × [　]

(3) 42 ＝ [　] × [　] × [7]

(4) 12 ＝ [　] × [　] × [　]

(5) 50 ＝ [　] × [　] × [　]

●保護者の方へ：量をイメージしながらかけ算をするトレーニングです。

〔　　月　　日〕

44 数の分解

目標時間は５分

分　　秒

Q □にあてはまる数をかきましょう。

(1) 24 ＝ □ × 2 × □ × 3

(2) 16 ＝ □ × □ × 2 × □

(3) 36 ＝ □ × □ × 3 × 3

(4) 56 ＝ □ × □ × □ × 7

(5) 54 ＝ 2 × □ × □ × □

●保護者の方へ：量をイメージしながらかけ算をするトレーニングです。

step 5　〔　月　日〕

45 最大公約数

目標時間は5分
分　秒

QA 次の数の最大公約数をそれぞれ暗算で求めなさい。
（わからない場合は，それぞれの約数をかき出して考えなさい。）

（1）2と10 

（2）3と12 

（3）3と15 

（4）4と12 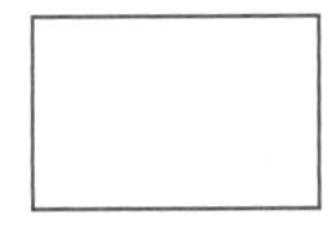

QB 次の数の最大公約数をそれぞれ暗算で求めなさい。
（わからない場合は，それぞれの約数をかき出して考えなさい。）

（1）6と18と20 

（2）6と20と24

●保護者の方へ：公約数を量としてイメージするトレーニングです。

〔　　月　　日〕

46 最大公約数

目標時間は５分

分　　秒

Q A 次の数の最大公約数をそれぞれ暗算で求めなさい。
（わからない場合は，それぞれの約数をかき出して考えなさい。）

（1）4と18 

（2）4と22 

（3）4と14 

（4）4と20 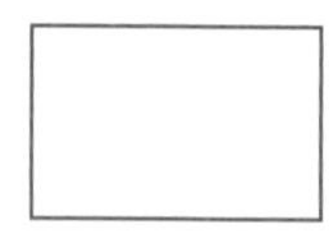

Q B 次の数の最大公約数をそれぞれ暗算で求めなさい。
（わからない場合は，それぞれの約数をかき出して考えなさい。）

（1）6と21と30 

（2）6と18と54

●保護者の方へ：公約数を量としてイメージするトレーニングです。

〔　月　日〕

47 最小公倍数

目標時間は5分

分　秒

QA　次の数の最小公倍数をそれぞれ暗算で求めなさい。
（わからない場合は，それぞれの倍数をかき出して考えなさい。）

（1）5と6

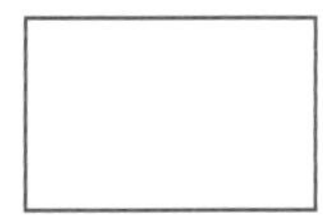

（2）5と10

（3）3と12

（4）3と10

QB　次の数の最小公倍数をそれぞれ暗算で求めなさい。
（わからない場合は，それぞれの倍数をかき出して考えなさい。）

（1）2と4と8

（2）2と5と8

●保護者の方へ：公倍数を量としてイメージするトレーニングです。

〔　　月　　日〕

48 最小公倍数

目標時間は5分

分　　秒

QA　次の数の最小公倍数をそれぞれ暗算で求めなさい。
（わからない場合は，それぞれの倍数をかき出して考えなさい。）

（1）4と14 　（2）6と20 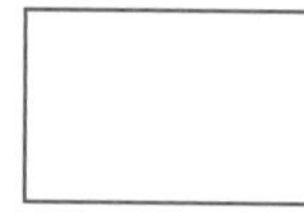

（3）8と12 　（4）8と16 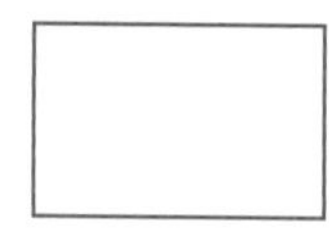

QB　次の数の最小公倍数をそれぞれ暗算で求めなさい。
（わからない場合は，それぞれの倍数をかき出して考えなさい。）

（1）2と6と8 　（2）3と6と8

●保護者の方へ：公倍数を量としてイメージするトレーニングです。

49 数量感覚Ⅱ  さ

目標時間は５分

分　　秒

Q 次の問いに答えなさい。
すべて頭の中で考えて答えを求めなさい。図やメモをかいてはいけません。間違えたときは，図やメモをかいて正解を確認しなさい。

（１）５時間で 250km 進む車は，１時間あたり何 km 進みますか。

□ km

（２）１時間あたり 60km 進む車が，240km 進むには何時間かかりますか。

□ 時間

（３）１時間で 45km 走る車は，４時間で何 km 走りますか。

□ km

1時間　1時間　1時間　1時間
45km　45km　□km　□km

●保護者の方へ：１時間で進む距離を量としてイメージするトレーニングです。

〔　　月　　日〕

50 数量感覚Ⅱ  さ

目標時間は５分

分　　秒

Q 次の問いに答えなさい。

すべて頭の中で考えて答えを求めなさい。図やメモをかいてはいけません。間違えたときは，図やメモをかいて正解を確認しなさい。

（１）６時間で 240km 進む車は，１時間あたり何 km 進みますか。

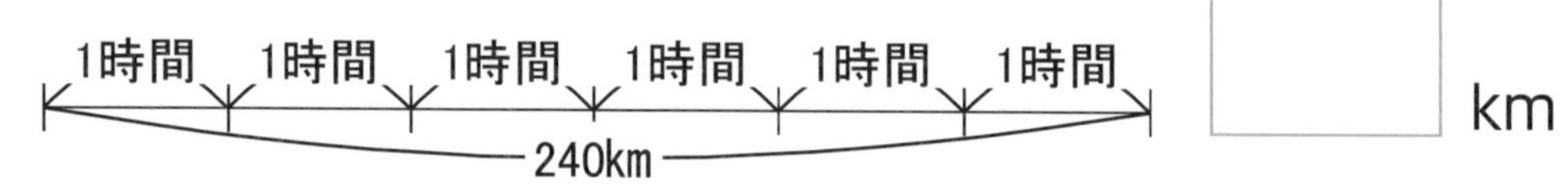

□ km

（２）１時間あたり 45km 進む車が，180km 進むには何時間かかりますか。

1時間　1時間　……
45km　45km　……

□ 時間

（３）１時間で 35km 走る車は，４時間で何 km 走りますか。

1時間　1時間　1時間　1時間
□km　□km　□km　□km

□ km

●保護者の方へ：１時間で進む距離を量としてイメージするトレーニングです。

〔　　月　　日〕

51 数量感覚Ⅲ 量感計算

目標時間は５分

分　　秒

Q A 次の答えを暗算で求めましょう。
なお，すべて頭の中で考えましょう。（計算もできるだけ暗算でしましょう。）答えをまちがえた場合やわからない場合のみ，図やメモをかいて考えましょう。

（1）
82 個をたしたら □ 個

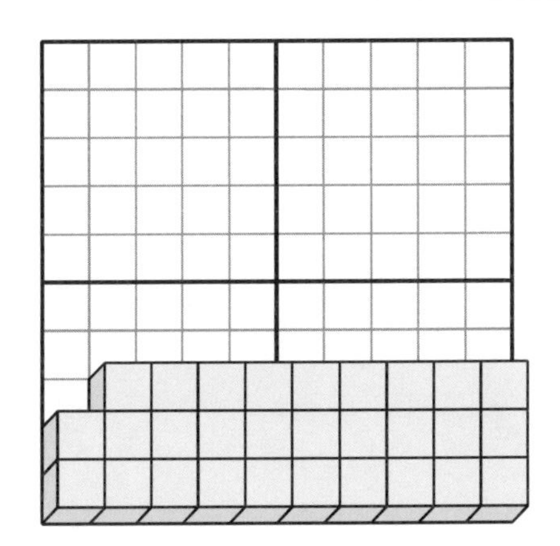

（2）
16 個をひいたら  個

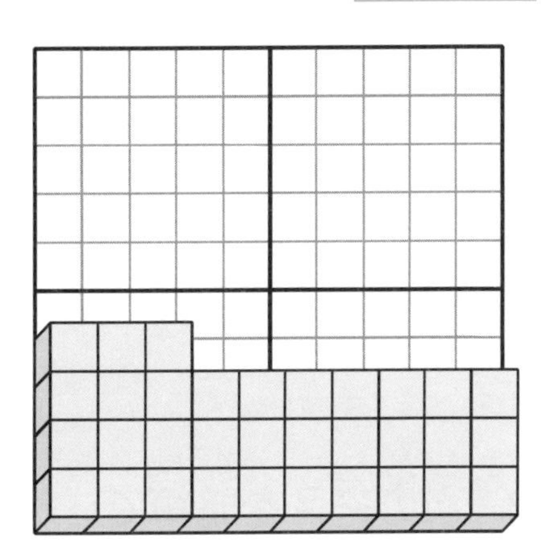

Q B 次の答えを暗算で求めましょう。
なお，すべて頭の中で考えましょう。（計算もできるだけ暗算でしましょう。）答えをまちがえた場合やわからない場合のみ，図やメモをかいて考えましょう。

（1）
129＋105＝ □

（2）
135＋106＝ □

（3）
118＋107＝ □

（4）
127＋104＝ □

●保護者の方へ：ブロックの移動で答えをイメージするトレーニングです。

〔　　月　　日〕

52 数量感覚Ⅲ 量感計算

目標時間は5分

分　　秒

Q A　次の答えを暗算で求めましょう。
なお，すべて頭の中で考えましょう。(計算もできるだけ暗算でしましょう。) 答えをまちがえた場合やわからない場合のみ，図やメモをかいて考えましょう。

(1) 129＋105＝□

(2) 135＋106＝□

(3) 118＋107＝□

(4) 127＋104＝□

(5) 118＋106＝□

(6) 127＋105＝□

Q B　次の答えを暗算で求めましょう。
なお，すべて頭の中で考えましょう。(計算もできるだけ暗算でしましょう。) 答えをまちがえた場合やわからない場合のみ，図やメモをかいて考えましょう。

(1) 38－19＝□

(2) 47－28＝□

(3) 52－23＝□

(4) 45－17＝□

(5) 45－18＝□

(6) 54－28＝□

●保護者の方へ：数を量としてイメージするトレーニングです。

53 分数感覚 I

目標時間は５分
分　秒

QA 下の図の（図１）を４個に分けたうちの５個分を（図２）に斜線であらわしましょう。

（図１）

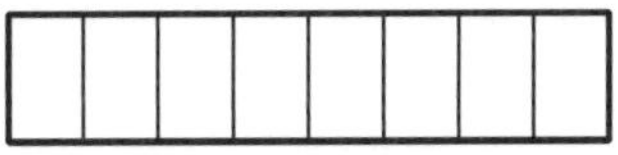

（図２）

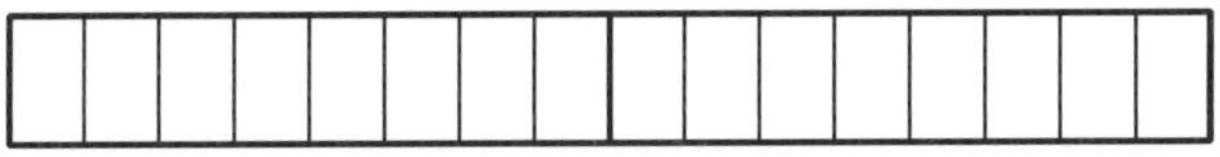

QB 次の図の説明として正しいものを１つだけえらんで，番号で答えましょう。

（図１）

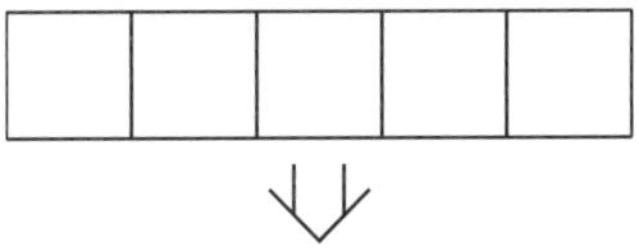

⇩

（図２）

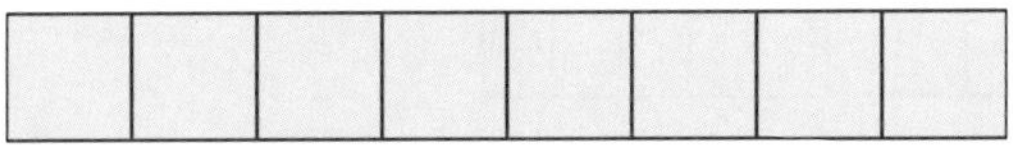

① （図１）は，（図２）の色の部分を５つに等しく分けたうちの８つ分です。
② （図２）の色の部分は，（図１）を５つに等しく分けたうちの８つ分です。
③ （図２）の色の部分は，（図１）を８つに等しく分けたうちの５つ分です。

QC 次の図の説明として正しいものを１つだけえらんで，番号で答えましょう。

（図１）

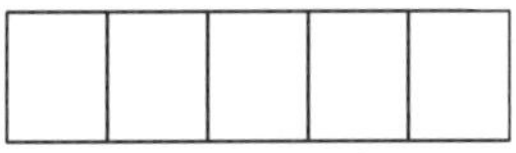

（図２）

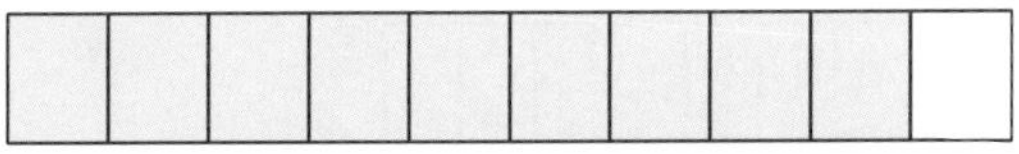

① （図１）は，（図２）の色の部分を５つに等しく分けたうちの９つ分です。
② （図２）の色の部分は，（図１）を５つに等しく分けたうちの９つ分です。
③ （図２）の色の部分は，（図１）を９つに等しく分けたうちの５つ分です。

●保護者の方へ：分数を量としてイメージするトレーニングです。

step 1

〔　　月　　日〕

54 分数感覚 I

目標時間は5分

分　　秒

QA 下の図の（図1）を4個に分けたうちの7個分を（図2）に斜線であらわしましょう。

（図1）

（図2）

QB 次の図の説明としてまちがっているものを1つだけえらんで，番号で答えましょう。

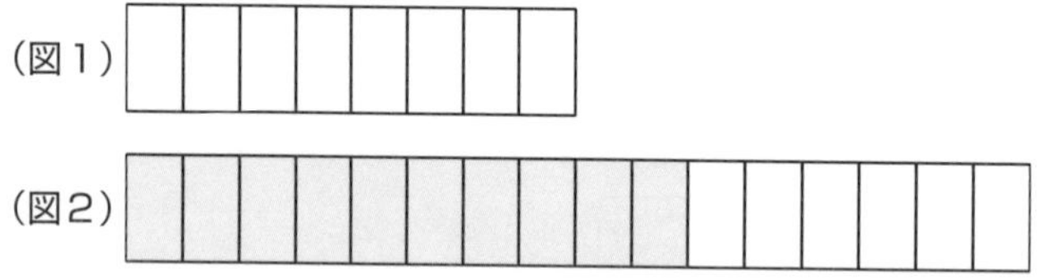

① （図1）は，（図2）を6つに等しく分けたうちの4つ分です。
② （図2）の色の部分は，（図1）を4つに等しく分けたうちの5つ分です。
③ （図2）の色の部分は，（図1）を8つに等しく分けたうちの10こ分です。

QC 次の図の説明として正しいものを1つだけえらんで，番号で答えましょう。

（図1）

（図2）

① （図1）は，（図2）を6つに等しく分けたうちの4つ分です。
② （図2）の色の部分は，（図1）を4つに等しく分けたうちの6つ分です。
③ （図2）の色の部分は，（図1）を8つに等しく分けたうちの14こ分です。

●保護者の方へ：分数を量としてイメージするトレーニングです。

〔　月　日〕

55 数量感覚 I

目標時間は5分

分　秒

Q 次の問いに答えましょう。
なお，すべて頭の中で考えましょう。（計算もできるだけ暗算でしましょう。）答えをまちがえた場合やわからない場合のみ，図やメモをかいて考えましょう。

（1） Aくんは，前から 11 番目で，後ろから9番目です。全部で何人いますか。

□人

（2） 3月9日から3月 22 日までは何日間ですか。

□日間

（3） Aくんは，前から9番目で全体の人数は 19 人です。後ろからは何番目ですか。

□番目

（4） 大きな木を1列に4本植え，木と木の間に小さな花を4本ずつ植えました。花は全部で何本植えましたか。

□本

（5） Aくんは，後ろから 20 番目で全体の人数は 30 人です。前からは何番目ですか。

□番目

●保護者の方へ：量をイメージしながら計算をするトレーニングです。

〔　月　日〕

56 数量感覚 I

目標時間は5分

分　秒

Q 次の問いに答えましょう。
なお，すべて頭の中で考えましょう。（計算もできるだけ暗算でしましょう。）答えをまちがえた場合やわからない場合のみ，図やメモをかいて考えましょう。

（1）　Aくんは，前から 15 番目で，後ろから 10 番目です。全部で何人いますか。

□ 人

（2）　2月 15 日から2月 27 日までは何日間ですか。

□ 日間

（3）　Aくんは，前から 12 番目で全体の人数は 18 人です。後ろからは何番目ですか。

□ 番目

（4）　大きな木を1列に3本植え，木と木の間に小さな花を5本ずつ植えました。花は全部で何本植えましたか。

□ 本

（5）　Aくんは，後ろから 19 番目で全体の人数は 39 人です。前からは何番目ですか。

□ 番目

●保護者の方へ：量をイメージしながら計算をするトレーニングです。

〔　月　日〕

57 数の分解

目標時間は5分

分　秒

Q □にあてはまる数をかきましょう。

(1) 60 ＝ □ × □ × □ × □

(2) 81 ＝ □ × □ × □ × □

(3) 100 ＝ □ × □ × □ × □

(4) 40 ＝ □ × □ × □ × □

(5) 150 ＝ □ × □ × □ × □

●保護者の方へ：量をイメージしながらかけ算をするトレーニングです。

〔　　月　　日〕

58 数の分解

目標時間は５分

分　　秒

Q □にあてはまる数をかきましょう。

（1）28 ＝ □ × □ × □

（2）16 ＝ □ × □ × □ × □

（3）42 ＝ □ × □ × □

（4）100 ＝ □ × □ × □ × □

（5）27 ＝ □ × □ × □

●保護者の方へ：量をイメージしながらかけ算をするトレーニングです。

59 最大公約数
さいだいこうやくすう

目標時間は5分
分　秒

Q A　次の数の最大公約数をそれぞれ暗算で求めなさい。
つぎ　かず　さいだいこうやくすう　　　　　　　　あんざん　もと

（わからない場合は，それぞれの約数をかき出して考えなさ
ばあい　　　　　　　　やくすう　　だ　　　　かんが

い。）

（1）5と10 

（2）9と27 

（3）6と24 

（4）6と21 

Q B　次の数の最大公約数をそれぞれ暗算で求めなさい。
つぎ　かず　さいだいこうやくすう　　　　　　　　あんざん　もと

（わからない場合は，それぞれの約数をかき出して考えなさ
ばあい　　　　　　　　やくすう　　だ　　　　かんが

い。）

（1）7と14と77 

（2）8と10と12

〔　　月　　日〕

60 最大公約数

目標時間は5分

分　　秒

Q A　次の数の最大公約数をそれぞれ暗算で求めなさい。
（わからない場合は，それぞれの約数をかき出して考えなさい。）

（1）12と18

（2）25と35

（3）24と18

（4）12と16

Q B　次の数の最大公約数をそれぞれ暗算で求めなさい。
（わからない場合は，それぞれの約数をかき出して考えなさい。）

（1）8と12と18

（2）8と16と24

●保護者の方へ：公約数を量としてイメージするトレーニングです。

〔　　月　　日〕

61 最小公倍数

目標時間は５分

分　　秒

Q A　次の数の最小公倍数をそれぞれ暗算で求めなさい。
（わからない場合は，それぞれの倍数をかき出して考えなさい。）

（1）8と10

（2）6と10

（3）4と10

（4）5と8

Q B　次の数の最小公倍数をそれぞれ暗算で求めなさい。
（わからない場合は，それぞれの倍数をかき出して考えなさい。）

（1）3と6と9

（2）2と4と10

●保護者の方へ：公倍数を量としてイメージするトレーニングです。

〔　　月　　日〕

62 最小公倍数
さいしょうこうばいすう

目標時間は5分

分　　秒

Q A　次の数の最小公倍数をそれぞれ暗算で求めなさい。
つぎ　かず　さいしょうこうばいすう　　　　　　　　　　あんざん
（わからない場合は，それぞれの倍数をかき出して考えなさ
ばあい　　　　　　　　　　ばいすう　　　だ　　　　かんが
い。）

（1）7と8　　　　　　（2）9と15　　

（3）10と12　　　　（4）24と36　

Q B　次の数の最小公倍数をそれぞれ暗算で求めなさい。
つぎ　かず　さいしょうこうばいすう　　　　　　　　　　あんざん
（わからない場合は，それぞれの倍数をかき出して考えなさ
ばあい　　　　　　　　　　ばいすう　　　だ　　　　かんが
い。）

（1）2と3と15　　　（2）3と4と10

●保護者の方へ：公倍数を量としてイメージするトレーニングです。

63 数量感覚Ⅱ  さ

目標時間は５分
分　秒

Q 次の問いに答えなさい。
すべて頭の中で考えて答えを求めなさい。図やメモをかいてはいけません。間違えたときは，図やメモをかいて正解を確認しなさい。

（１）４時間で 260km 進む車は，１時間あたり何 km 進みますか。

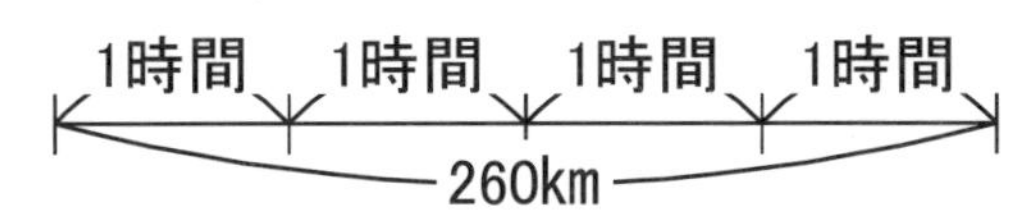

□ km

（２）１時間あたり 50km 進む車が，250km 進むには何時間かかりますか。

1時間　1時間　……
50km　50km　……

□ 時間

（３）１時間で 80km 走る車は，６時間で何 km 走りますか。

1時間　1時間　1時間　1時間　1時間　1時間
80km　80km　□km　□km　□km　□km

□ km

64 数量感覚Ⅱ  さ

目標時間は５分

分　秒

Q 次の問いに答えなさい。
すべて頭の中で考えて答えを求めなさい。図やメモをかいてはいけません。間違えたときは，図やメモをかいて正解を確認しなさい。

（１）５時間で 230km 進む車は，１時間あたり何 km 進みますか。

□ km

（２）１時間あたり 90km 進む車が，450km 進むには何時間かかりますか。

1時間　1時間　……
90km　90km　……

□ 時間

（３）１時間で 40km 走る車は，５時間で何 km 走りますか。

1時間　1時間　1時間　1時間　1時間
□km　□km　□km　□km　□km

□ km

65 数量感覚Ⅲ 量感計算

目標時間は５分
分　秒

Q A 次の答えを暗算で求めましょう。
なお，すべて頭の中で考えましょう。（計算もできるだけ暗算でしましょう。）答えをまちがえた場合やわからない場合のみ，図やメモをかいて考えましょう。

(1) 148＋173＝□

(2) 155＋167＝□

(3) 143＋178＝□

(4) 172＋189＝□

(5) 156＋178＝□

(6) 182＋159＝□

Q B 次の答えを暗算で求めましょう。
なお，すべて頭の中で考えましょう。（計算もできるだけ暗算でしましょう。）答えをまちがえた場合やわからない場合のみ，図やメモをかいて考えましょう。

(1) 45－18＝□

(2) 56－38＝□

(3) 64－29＝□

(4) 58－29＝□

(5) 63－35＝□

(6) 56－39＝□

●保護者の方へ：数を量としてイメージするトレーニングです。

〔　　月　　日〕

66 数量感覚Ⅲ 量感計算

目標時間は５分

分　　秒

QA 次の答えを暗算で求めましょう。
なお，すべて頭の中で考えましょう。（計算もできるだけ暗算でしましょう。）答えをまちがえた場合やわからない場合のみ，図やメモをかいて考えましょう。

（１）
256＋175＝□

（２）
325＋196＝□

（３）
353＋278＝□

（４）
458＋274＝□

（５）
352＋189＝□

（６）
268＋173＝□

QB 次の答えを暗算で求めましょう。
なお，すべて頭の中で考えましょう。（計算もできるだけ暗算でしましょう。）答えをまちがえた場合やわからない場合のみ，図やメモをかいて考えましょう。

（１）
295－176＝□

（２）
322－113＝□

（３）
352－138＝□

（４）
482－278＝□

（５）
326－218＝□

（６）
356－137＝□

●保護者の方へ：数を量としてイメージするトレーニングです。

〔　　月　　日〕

数量感覚 中 級 パズル道場検定A

目標時間は10分

分　　秒

1 下の図の（図１）を８個に分けたうちの15個分を（図２）に斜線であらわしましょう。

（図１）

（図２）

2 次の図の説明としてまちがっているものを１つだけえらんで，番号で答えましょう。

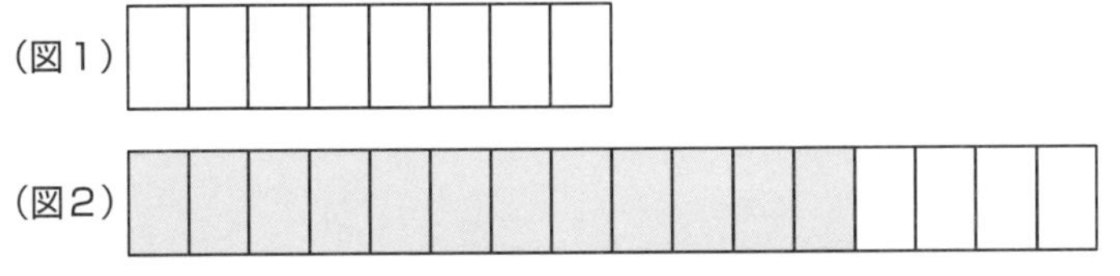

① （図１）は，（図２）を６つに等しく分けたうちの４つ分です。

② （図２）の色の部分は，（図１）を４つに等しく分けたうちの６個分です。

③ （図２）の色の部分は，（図１）を８つに等しく分けたうちの12個分です。

3 次の図の説明として正しいものを１つだけえらんで，番号で答えましょう。

（図１）

（図２）

① （図１）は，（図２）を４つに等しく分けたうちの６つ分です。

② （図２）の色の部分は，（図１）を９つに等しく分けたうちの14個分です。

③ （図２）の色の部分は，（図１）を３つに等しく分けたうちの５個分です。

4 □にあてはまる数(かず)を書(か)きましょう。

(1) 81 ＝ □ × □ × □ × □

(2) 45 ＝ □ × □ × □

(3) 90 ＝ □ × □ × □ × □

(4) 63 ＝ □ × □ × □

(5) 200 ＝ □ × □ × □ × □ × □

〔　　月　　日〕

数量感覚 中級 パズル道場検定B

目標時間は10分

分　　秒

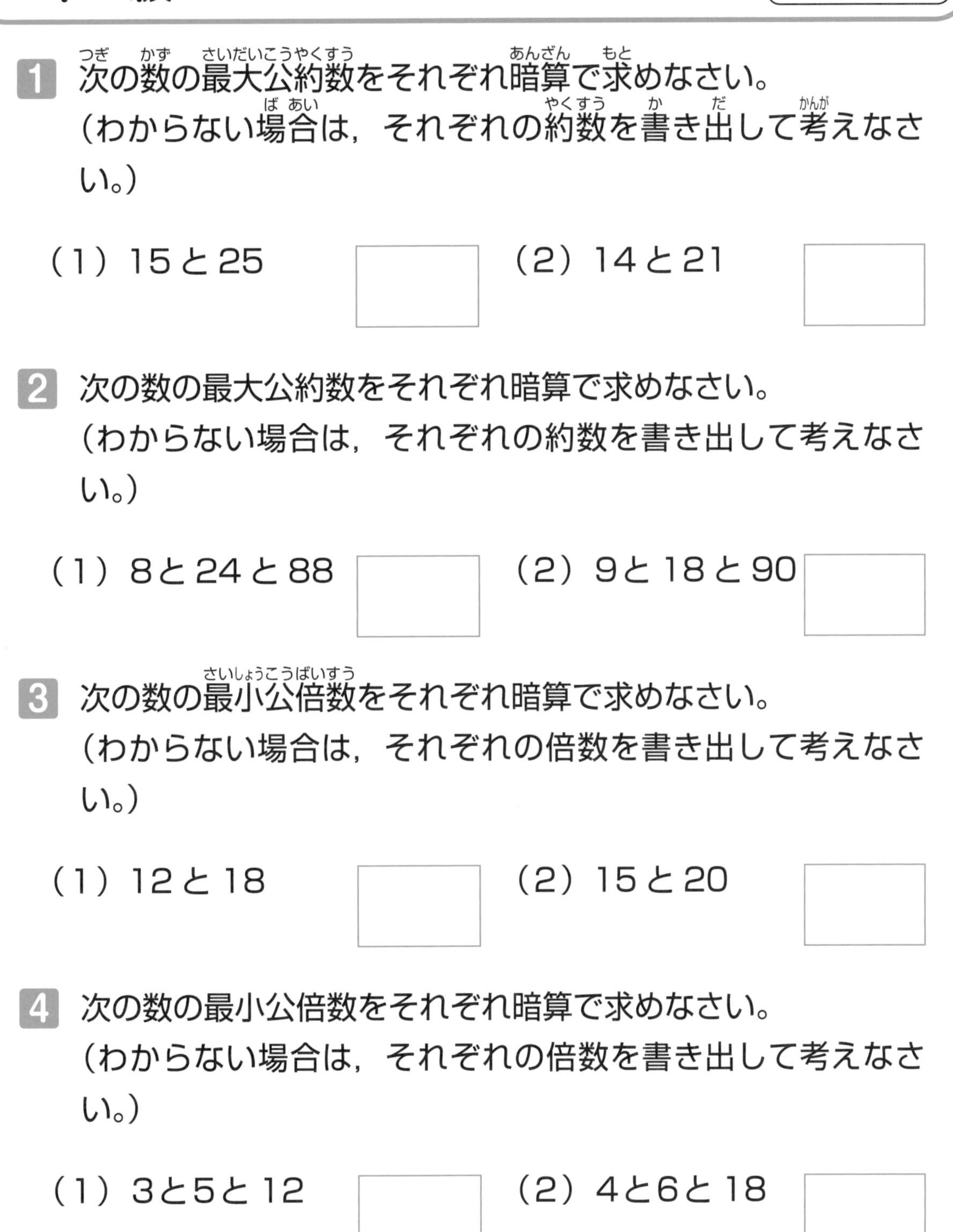

1 次の数の最大公約数をそれぞれ暗算で求めなさい。
（わからない場合は，それぞれの約数を書き出して考えなさい。）

（1）15と25　□　　（2）14と21　□

2 次の数の最大公約数をそれぞれ暗算で求めなさい。
（わからない場合は，それぞれの約数を書き出して考えなさい。）

（1）8と24と88　□　　（2）9と18と90　□

3 次の数の最小公倍数をそれぞれ暗算で求めなさい。
（わからない場合は，それぞれの倍数を書き出して考えなさい。）

（1）12と18　□　　（2）15と20　□

4 次の数の最小公倍数をそれぞれ暗算で求めなさい。
（わからない場合は，それぞれの倍数を書き出して考えなさい。）

（1）3と5と12　□　　（2）4と6と18　□

5 次の答えを暗算で求めましょう。
なお，すべて頭の中で考えましょう。（計算もできるだけ暗算でしましょう。）答えをまちがえた場合やわからない場合のみ，図やメモをかいて考えましょう。

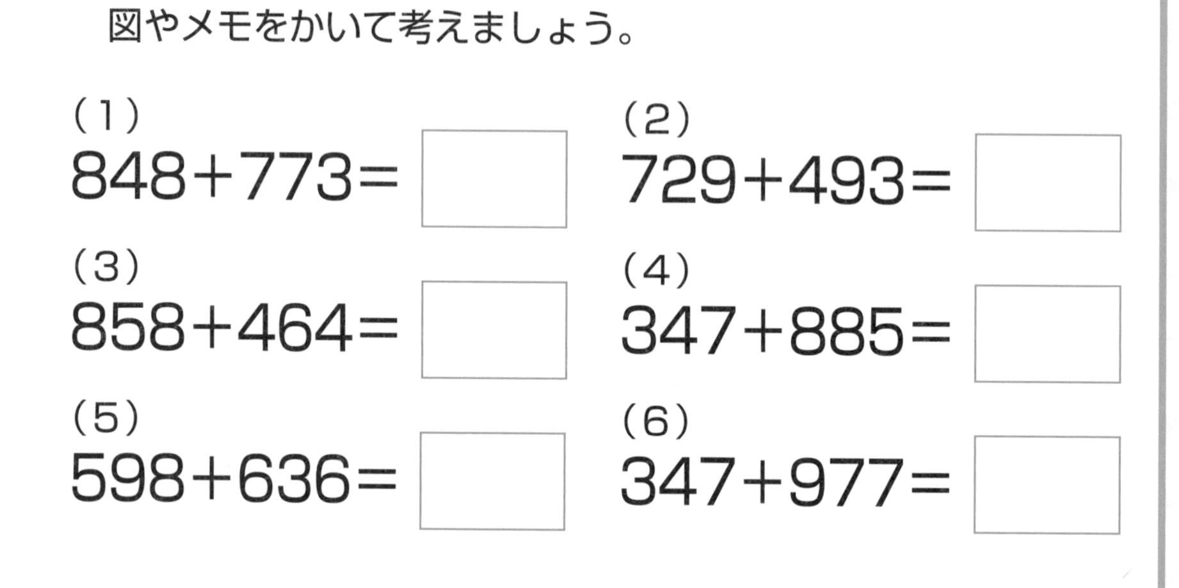

（1） $848+773=$ □

（2） $729+493=$ □

（3） $858+464=$ □

（4） $347+885=$ □

（5） $598+636=$ □

（6） $347+977=$ □

6 次の答えを暗算で求めましょう。
なお，すべて頭の中で考えましょう。（計算もできるだけ暗算でしましょう。）答えをまちがえた場合やわからない場合のみ，図やメモをかいて考えましょう。

（1） $235-176=$ □

（2） $322-183=$ □

（3） $352-188=$ □

（4） $452-278=$ □

（5） $326-278=$ □

（6） $356-187=$ □

解答編

2 （1）10，5，50，10，5，50　（2）10，10，100，10，10，100

3 （1）10，3，30，10，3，30　（2）10，6，60，10，6，60

4 （1）10，8，80，10，8，80　（2）10，4，40，10，4，40

6 （1）5，5，25，5，5，25　（2）5，10，50，5，10，50

7 （1）5，3，15，5，3，15　（2）5，6，30，5，6，30

8 （1）5，8，40，5，8，40　（2）5，4，20，5，4，20

9 QA （1）

（2）

（3）

（4）

QB ③

10 QA （1）

（2）

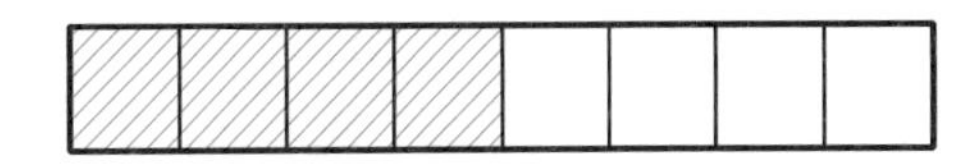

（3）

（4）

QB ③

13 QA (1)

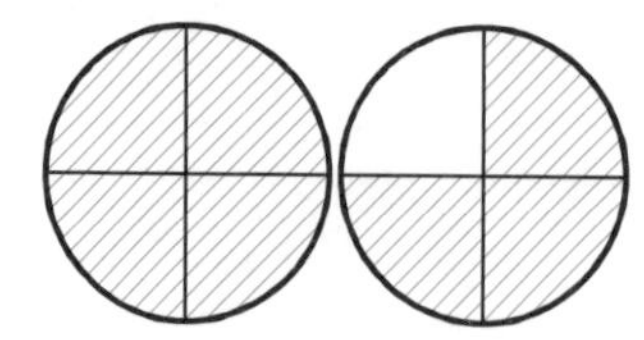

(2)

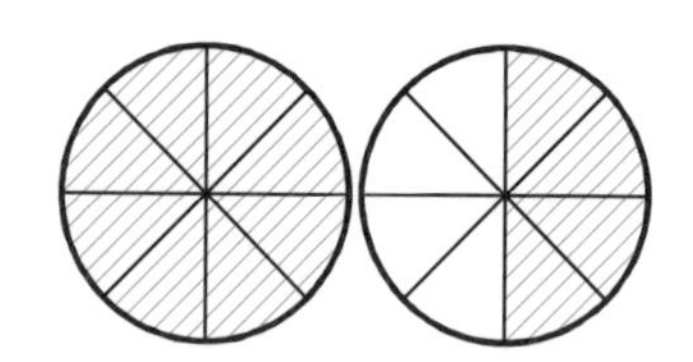

(3)

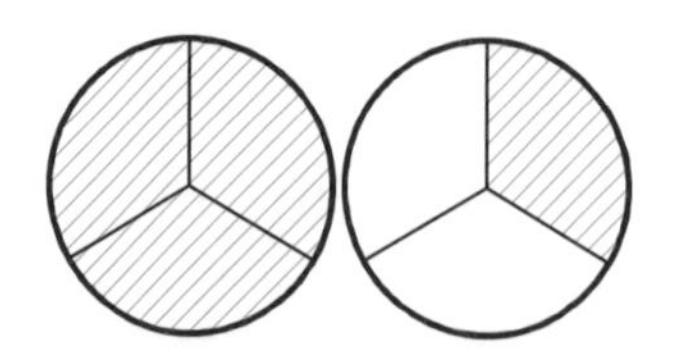

(4)

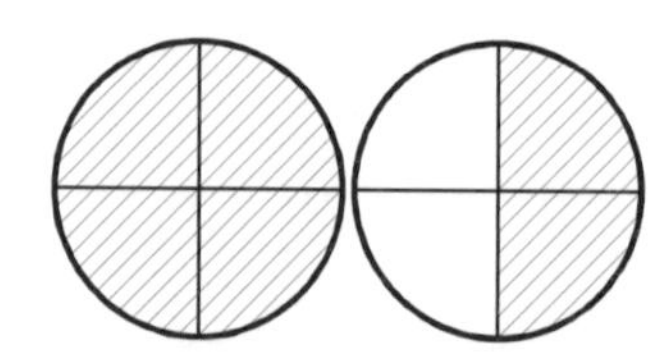

QB (1)

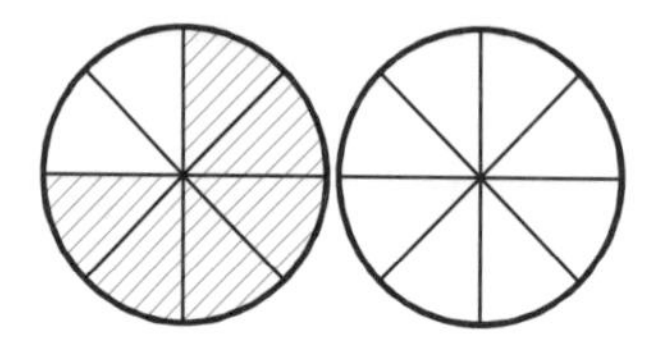

(2)

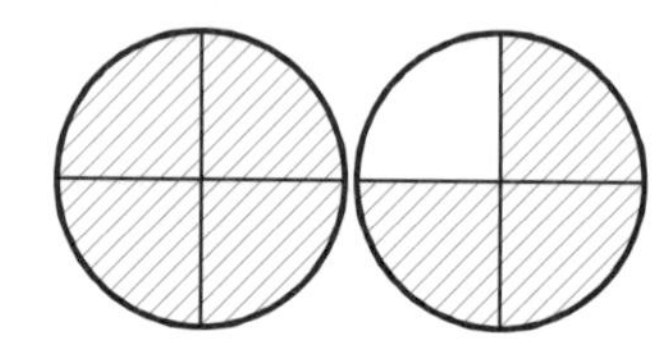

(3)

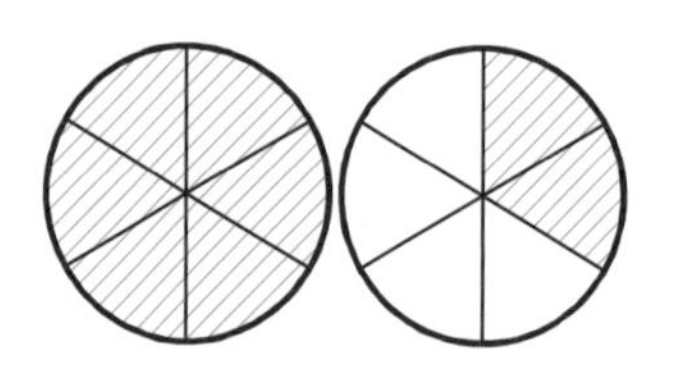

(4)

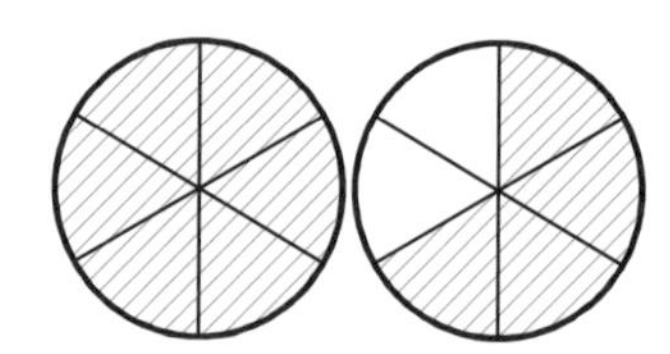

14 QA (1)

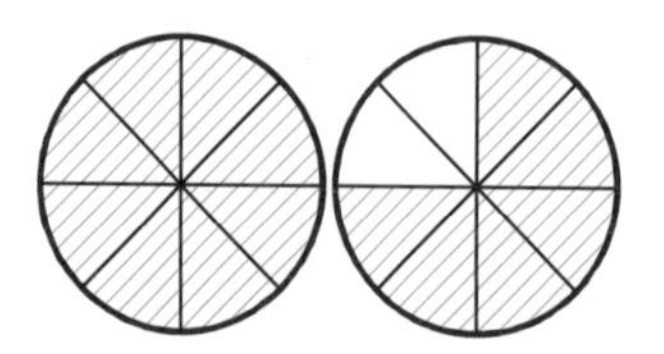

(2)

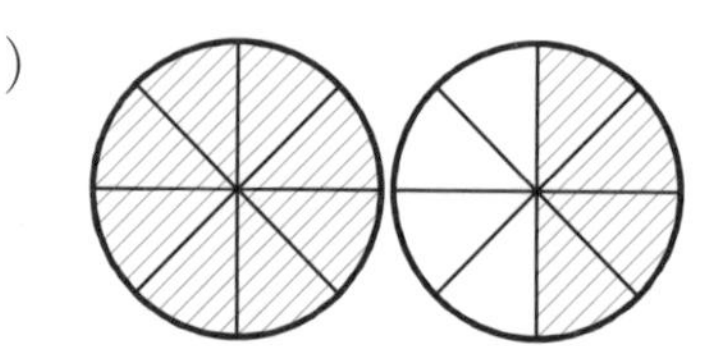

(3)

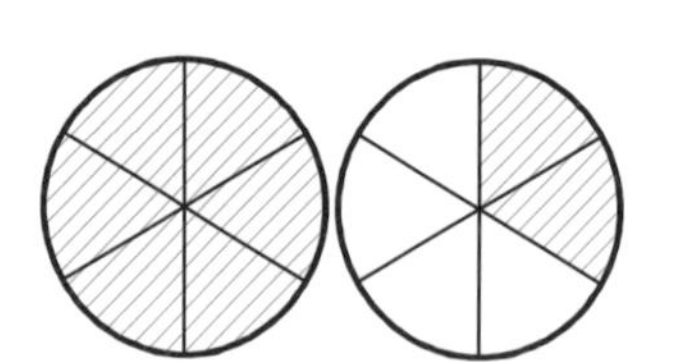

(4)

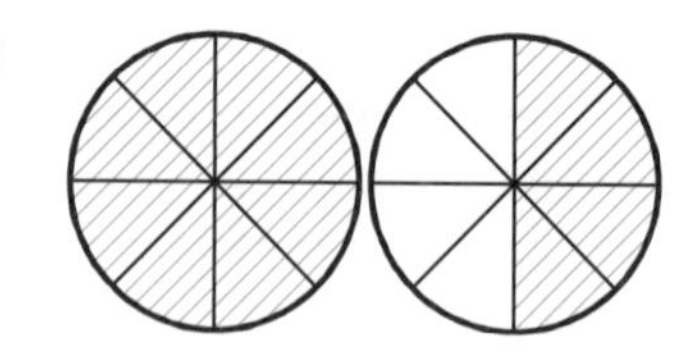

QB (1)

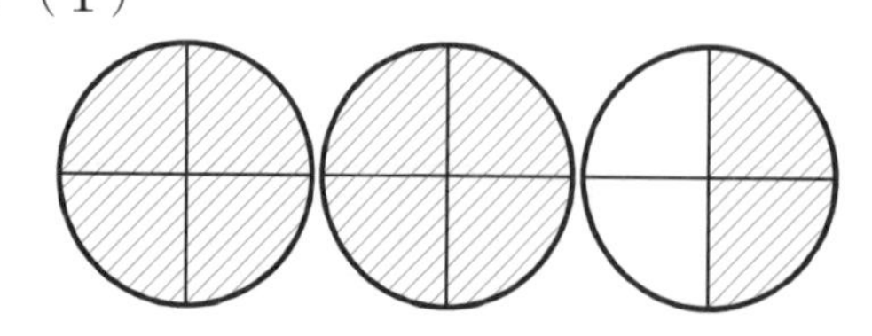

(2)

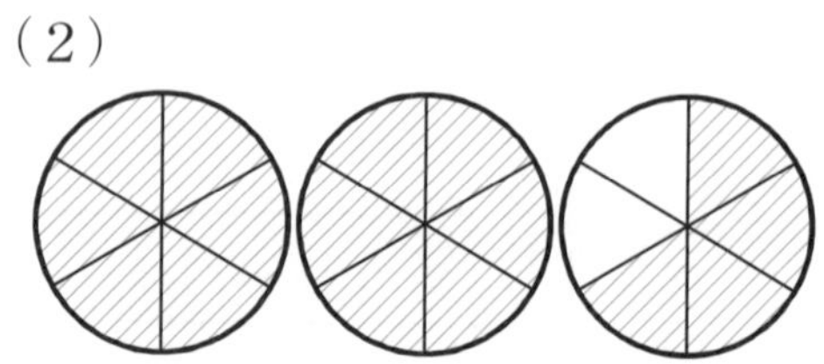

(3)

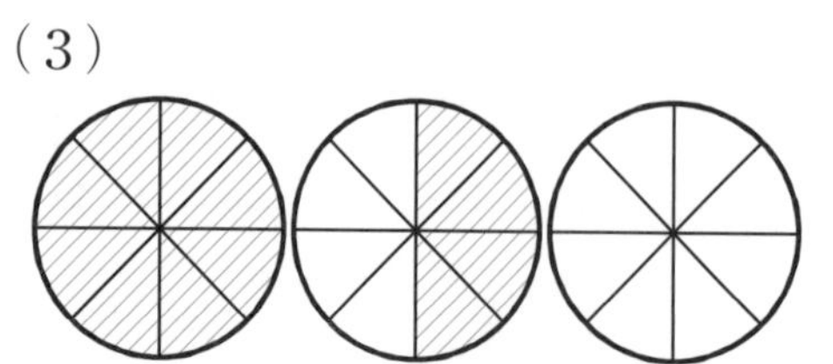

(4)

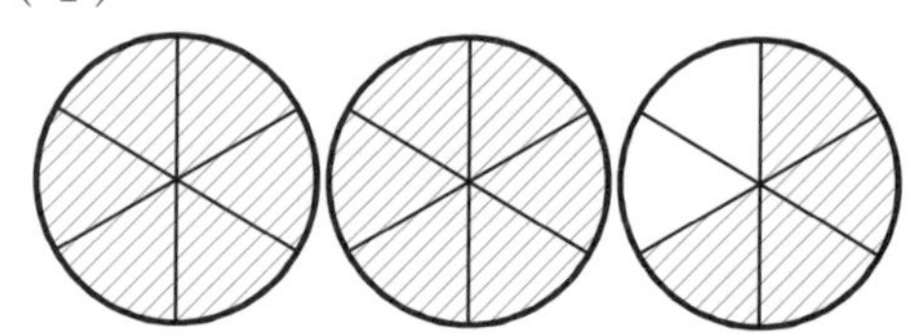

15 （１）4人　（２）5日間　（３）3番目　（４）2本　（５）2番目

16 （１）5人　（２）3日間　（３）2番目　（４）3本　（５）1番目

17 （１）5人　（２）3日間　（３）2番目　（４）4本　（５）3番目

18 （１）9人　（２）4日間　（３）5番目　（４）6本　（５）3番目

19 （１）3　（２）2　（３）3　（４）3　（５）7

20 （１）7　（２）2，3　（３）2，2，2　（４）2，5　（５）3，3

23 QA （１）2　（２）2　（３）3　（４）2

QB （１）2　（２）2

24 QA （１）3　（２）3　（３）4　（４）2

QB （１）4　（２）5

27 QA （１）4　（２）6　（３）10　（４）6

QB （１）12　（２）30

28 QA （１）12　（２）21　（３）12　（４）36

QB （１）12　（２）70

29 （１）50km　（２）6時間　（３）200km

30 （１）50km　（２）8時間　（３）180km

31 QA （１）111個　（２）19個

QB （１）211　（２）212　（３）214　（４）214

32 QA （1）114 個　（2）17 個

QB （1）212　（2）212　（3）227　（4）225

33 （1）4，5，20，4，5，20　（2）4，10，40，4，10，40

34 （1）4，7，28，4，7，28　（2）4，3，12，4，3，12

35 （1）8，5，40，8，5，40　（2）8，10，80，8，10，80

36 （1）8，8，64，8，8，64　（2）8，2，16，8，2，16

37 QA

QB ②　QC ②

38 QA

QB ②　QC ①

39 QA

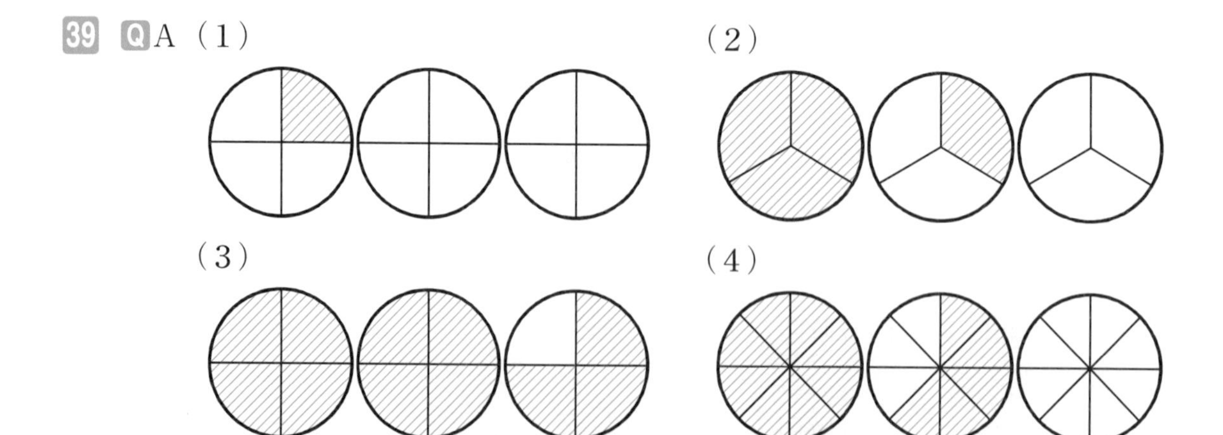

QB

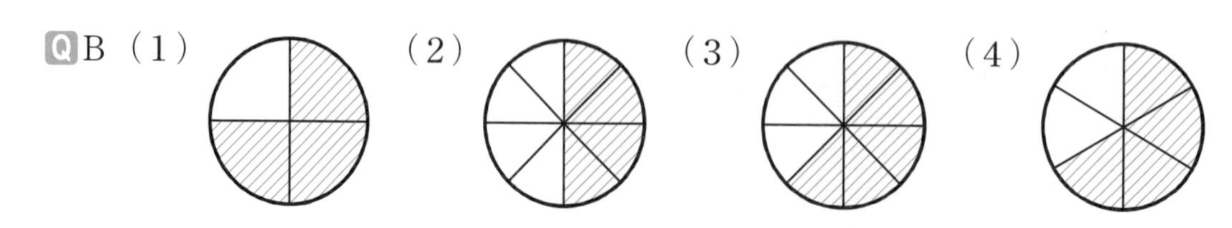

40 QA (1)

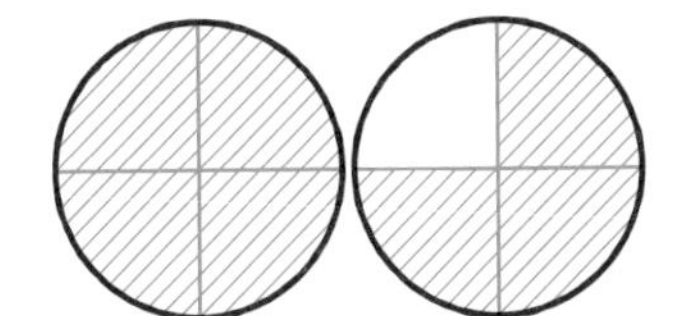

(2)

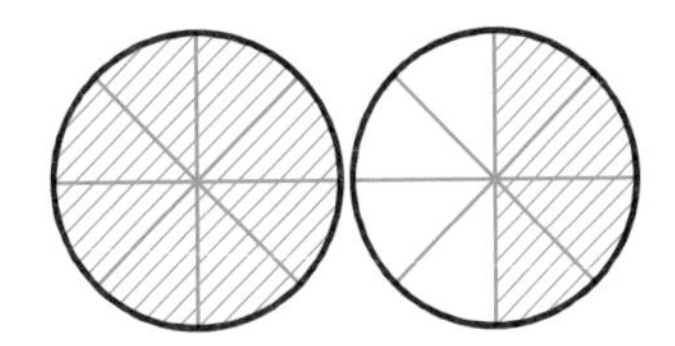

(3)

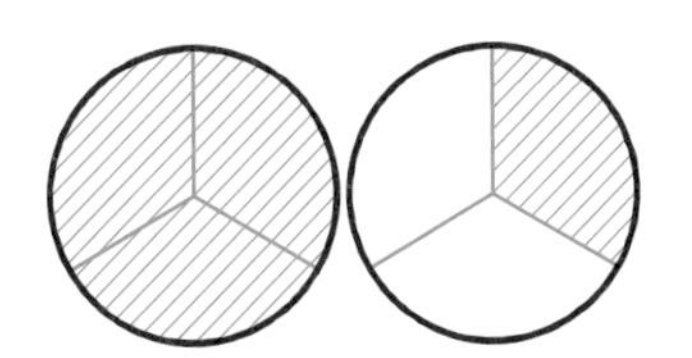

(4)

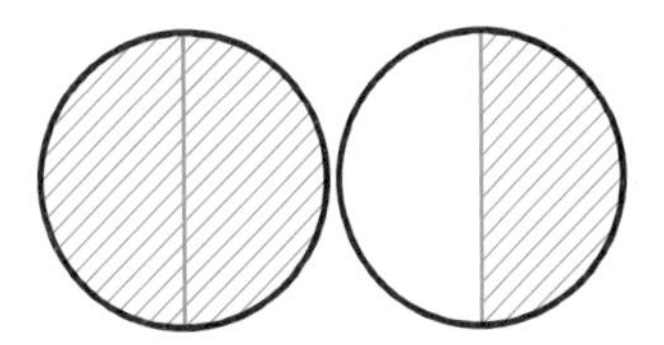

QB (1)

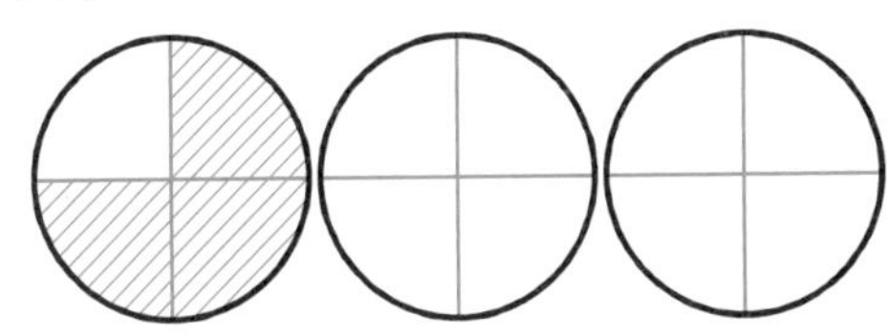

(2)

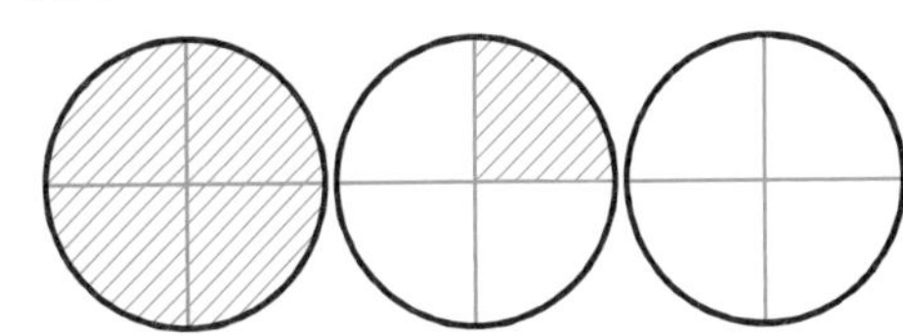

(3)

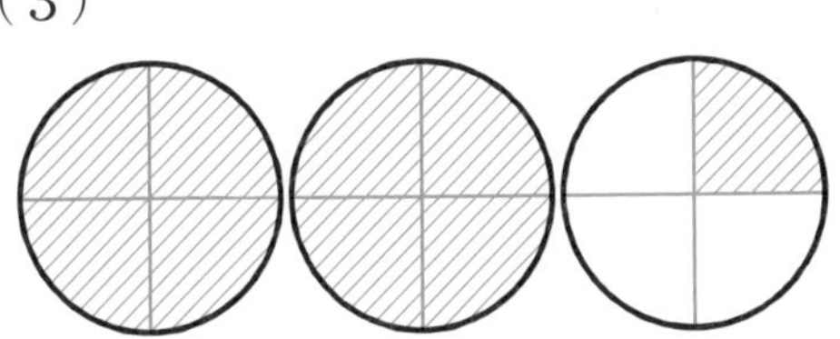

(4)

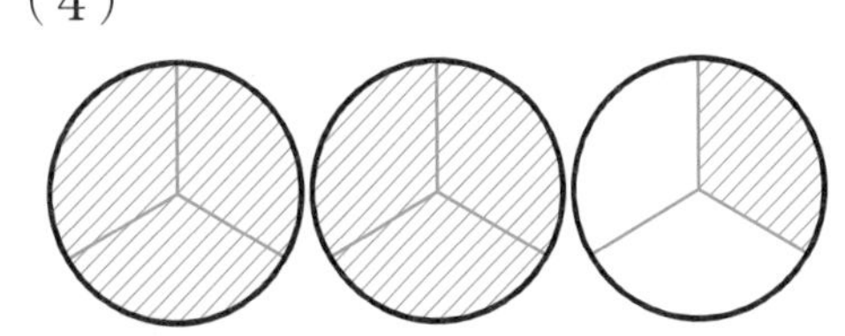

41 (1)10人　(2)10日間　(3)6番目　(4)6本　(5)3番目

42 (1)17人　(2)12日間　(3)9番目　(4)20本　(5)11番目

43 (1)3，5　(2)2，7　(3)2，3　(4)2，2，3　(5)2，5，5

44 (1)2，2　(2)2，2，2　(3)2，2
(4)2，2，2　(5)3，3，3

45 QA (1)2　(2)3　(3)3　(4)4

QB (1)2　(2)2

46 QA (1)2　(2)2　(3)2　(4)4

QB (1)3　(2)6

47 QA （1）30　（2）10　（3）12　（4）30

QB （1）8　（2）40

48 QA （1）28　（2）60　（3）24　（4）16

QB （1）24　（2）24

49 （1）50km　（2）4時間　（3）180km

50 （1）40km　（2）4時間　（3）140km

51 QA （1）111個　（2）17個

QB （1）234　（2）241　（3）225　（4）231

52 QA （1）234　（2）241　（3）225　（4）231　（5）224　（6）232

QB （1）19　（2）19　（3）29　（4）28　（5）27　（6）26

53 QA

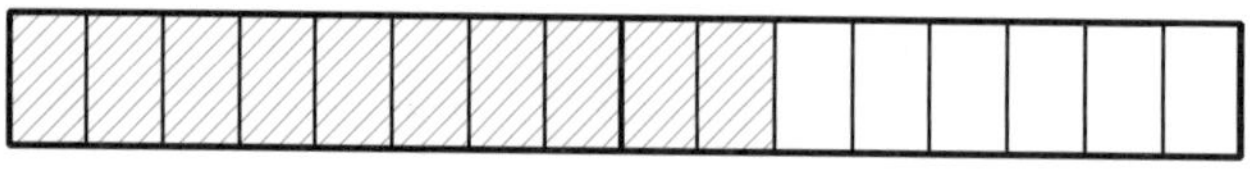

QB ②

QC ②

54 QA

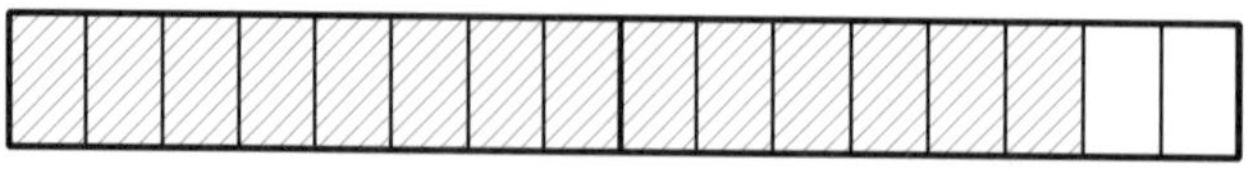

QB ①

QC ②

55 （1）19人　（2）14日間　（3）11番目　（4）12本　（5）11番目

56 （1）24人　（2）13日間　（3）7番目　（4）10本　（5）21番目

57 （1）2，2，3，5　（2）3，3，3，3　（3）2，2，5，5
（4）2，2，2，5　（5）2，3，5，5

58 （1）2，2，7　（2）2，2，2，2　（3）2，3，7
（4）2，2，5，5　（5）3，3，3

59 QA （1）5　（2）9　（3）6　（4）3

QB （1）7　（2）2

60 QA （1）6　（2）5　（3）6　（4）4

QB （1）2　（2）8

61 QA （1）40　（2）30　（3）20　（4）40

QB （1）18　（2）20

62 QA （1）56　（2）45　（3）60　（4）72

QB （1）30　（2）60

63 （1）65km　（2）5時間　（3）480km

64 （1）46km　（2）5時間　（3）200km

65 QA （1）321　（2）322　（3）321　（4）361　（5）334　（6）341

QB （1）27　（2）18　（3）35　（4）29　（5）28　（6）17

66 QA （1）431　（2）521　（3）631　（4）732　（5）541　（6）441

QB （1）119　（2）209　（3）214　（4）204　（5）108　（6）219

パズル道場検定 A

1

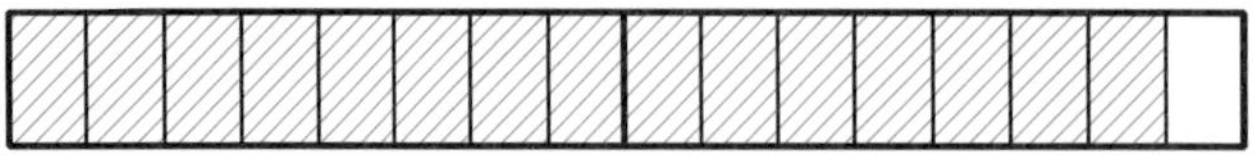

2 ①

3 ③

4 (1) 3, 3, 3, 3　(2) 3, 3, 5　(3) 2, 3, 3, 5
(4) 3, 3, 7　(5) 2, 2, 2, 5, 5

パズル道場検定 B

1 (1) 5　(2) 7

2 (1) 8　(2) 9

3 (1) 36　(2) 60

4 (1) 60　(2) 36

5 (1) 1621　(2) 1222　(3) 1322
(4) 1232　(5) 1234　(6) 1324

6 (1) 59　(2) 139　(3) 164　(4) 174　(5) 48　(6) 169

「パズル道場検定」が時間内でできたときは，次ページの天才脳ドリル数量感覚中級「認定証」を授与します。おめでとうございます。

☆20

認定証

数量感覚　中級

殿

あなたはパズル道場検定において、数量感覚コースの中級に合格しました。ここにその努力をたたえ認定証を授与します。

年　　月

パズル道場

山下善徳・橋本龍吾